数码
摄影摄像
入门与实战

王晓峰 / 编著

清华大学出版社
北京

内 容 简 介

摄影最终的目的是表达，而手段则是拍摄技法。对于初学者而言。绕开拍摄技法谈表达的优劣，这不免显得空泛。当前许多优秀的摄影师能够用"狗头"拍出"牛片"，除了他们独具慧眼外，正是因为他们有深厚的摄影技法功底。虽然，当国内许多摄影论坛中摄影器材至上论的"器材党"不在少数，但随着学习的逐渐深入，相信其中的大批人最终将成为"摄影技法派""摄影理念派"，而这也正是由技入道的基础。

本书正是一本能够帮助各位读者快速掌握并精通各类常见题材拍摄技法的实用型图书，详细讲解了详细讲解了户外人像、儿童、体育纪实、人文纪实、舞台纪实、山峦、日出日落、湖泊、瀑布、海洋、树木、雪景、建筑、夜景、野生动物、宠物、鸟类、昆虫、花卉等20余类常见题材的数百种拍摄技法。即使是接触摄影时间不长的读者，只要认真阅读这本书，能够掌握绝大多数摄影题材的拍摄技巧，称为轻松驾驭各类摄影题材的摄影高手并非难事。

笔者将通过微信、论坛、400电话等形式服务各位读者，以确保各位读者通过阅读学习本书真正掌握摄影精髓。

本书封面贴有清华大学出版社防伪标签，无标签者不得销售。
版权所有，侵权必究。举报：010-62782989，beiqinquan@tup.tsinghua.edu.cn。

图书在版编目（CIP）数据

数码摄影摄像入门与实战 / 王晓峰编著 .—北京：清华大学出版社，2017（2024.8 重印）
ISBN 978-7-302-44761-0

Ⅰ . ①数… Ⅱ . ①王… Ⅲ . ①数字照相机—摄影技术 ②数字控制摄像机—拍摄技术
Ⅳ . ① TB86 ② J41 ③ TN948.41

中国版本图书馆 CIP 数据核字（2016）第 189970 号

责任编辑：	陈绿春
封面设计：	潘国文
责任校对：	徐俊伟
责任印制：	曹婉颖

出版发行：清华大学出版社
网　　址：https://www.tup.com.cn, https://www.wqxuetang.com
地　　址：北京清华大学学研大厦 A 座　　邮　编：100084
社 总 机：010-83470000　　邮　购：010-62786544
投稿与读者服务：010-62776969, c-service@tup.tsinghua.edu.cn
质量反馈：010-62772015, zhiliang@tup.tsinghua.edu.cn
印 装 者：三河市龙大印装有限公司
开　　本：185mm×260mm　　印　张：13　　字　数：396 千字
版　　次：2017 年 1 月第 1 版　　印　次：2024 年 8 月第 11 次印刷
定　　价：49.00 元

产品编号：044132-01

前　言

瞧，这张照片真棒！这是在一些与摄影相关的场合经常能听到的一句话。棒在哪里？因为它漂亮，因为它有故事，因为它很难拍到，因为它有纪念意义……

总之，它能够将观者的目光牢牢吸引住。生活中处处存在美，值得拍照的事物随处可见，例如一个小女孩无助、哀伤的眼神，一片红艳似火的沙漠，一道雨后天边泛起的彩虹，一个趴在窗边向外眺望的孩子，一束照在老房子屋角的斑驳光影，一只在迷雾中飞舞的黑蜻蜓，等等。而发现这些值得拍摄画面的能力，则是成为优秀摄影师的第一步，这种能力来源于长期坚持不懈的拍摄实践活动与自我审美素养的提高，这就是摄影圈中常提到的培养"摄影眼"。

对于摄影初学者而言，要想拍出好照片，除了培养自己发现美的慧眼以外，熟练掌握并精通各类题材的拍摄技法至关重要，只有这样，才能捕捉到精彩的瞬间，把想法变成摄影作品。否则，面对美景或稍纵即逝的瞬间也会由于技法上的匮乏而错失良机，这正印证了"机会总是给有准备的人"这句真谛。

本书正是一本能够帮助各位读者快速掌握并精通各类常见题材拍摄技法的实用型图书，详细讲解了户外人像、儿童、体育纪实、人文纪实、舞台纪实、山峦、日出日落、湖泊、瀑布、海洋、树木、雪景、建筑、夜景、野生动物、宠物、鸟类、昆虫、花卉等20余类常见题材的数百种拍摄技法。即使是接触摄影时间不长的读者，阅读本书之后，也能够掌握绝大多数摄影题材的拍摄技巧，轻松应对各种拍摄场合的挑战，用画面完美地表达出自己的情感、环境氛围……

各位读者可以通过以下方式与作者进行互动，获得疑难问题解答。

新浪微博：http://weibo.com/bjgsygj
微信公众号：funphoto
QQ 群：247292794、341699682、190318868
北极光摄影论坛：http://www.bjgphoto.com.cn

我们将在微博及微信公众号中定期发布新的摄影理念、精彩摄影作品、实用摄影技法，并不定期进行比赛。喜爱外拍的摄影爱好者，可以关注北极光摄影论坛，我们还将在论坛中不定期发布组织外拍采风活动的信息。

如果希望直接与编者团队联系，请拨打电话4008-367-388。

参与本书编著的包括雷剑、吴腾飞、雷波、左福、范玉婵、刘志伟、李美、邓冰峰、詹曼雪、黄正、孙美娜、刑海杰、刘小松、陈红艳、徐克沛、吴晴、李洪泽、漠然、李亚洲、佟晓旭、江海艳、董文杰、张来勤、刘星龙、边艳蕊、马俊南、姜玉双、李敏、卢金凤、李静、肖辉、寿鹏程、管亮、马牧阳、杨冲、张奇、陈志新、孙雅丽、孟祥印、李倪、潘陈锡、姚天亮、车宇霞、陈秋娣、楮倩楠、王晓明、陈常兰、吴庆军、陈炎、苑丽丽等。

编　者
2017 年 1 月

目 录

第1章
数码摄影及数码相机

1.1 什么是摄影 1
1.2 什么是数码摄影 2
1.3 数码单反相机发展历程 3
    1.3.1 数码单反相机的诞生和早期发展 3
    1.3.2 全画幅数码单反相机的诞生和早期发展 ... 4
    1.3.3 "平民化"数码单反相机的出现 5
    1.3.4 数码单反相机的最新发展 5
1.4 微单相机的发展 6
1.5 数码单反相机的成像原理 7
    1.5.1 数码单反的光学原理 7
    1.5.2 数码单反生成影像的过程 7
1.6 数码单反相机的主流品牌 8
    1.6.1 佳能 9
    1.6.2 尼康 10
    1.6.3 索尼 11
1.7 数码单反与其他相机的比较 12
    1.7.1 与胶片单反相机的比较 12
    1.7.2 与DC数码相机的比较 13

2.2 设置文件存储格式 26
    2.2.1 采用RAW格式拍摄的优点 26
    2.2.2 如何处理RAW格式文件 27
2.3 设置色空间（尼康）/色彩空间（佳能）..... 28
    2.3.1 为用于纸媒介的照片选择色/色彩空间 .. 28
    2.3.2 为用于电子媒介的照片选择色/色彩空间... 28
2.4 设置蜂鸣音（尼康）/提示音（佳能）
    方便确认对焦情况 28
2.5 设置参数防止无存储卡操作 29
2.6 设置自动旋转图像 29
2.7 清洁图像传感器获得更清晰的照片 30
2.8 指定OK（尼康）/SET按钮功能（佳能）... 30
2.9 显示屏关闭延迟（尼康）/自动关闭
    电源（佳能） 31
2.10 设置"显示网格线"便于使用
     三分法构图 32
2.11 暗角控制（尼康）/周边光量
     校正（佳能） 33
2.12 "高ISO感光度降噪"降低噪点 34
2.13 开启"长时间曝光降噪"保证画质 35
2.14 设定优化校准（尼康）/照片风格
     （佳能） 36

第2章
认识相机结构及掌握基本设置

2.1 认识常见主流数码单反相机功能部件 16
    2.1.1 认识尼康主流相机 16
    2.1.2 认识主流佳能相机 22

第3章
曝光三要素和拍摄模式

3.1 曝光三要素——光圈 38
    3.1.1 光圈的概念及表示方法 38
    3.1.2 画质最佳光圈和画质最差光圈 40
    3.1.3 理解可用最大光圈 41
    3.1.4 了解景深 42

    3.1.5 焦平面 42
    3.1.6 影响景深大小的四个因素 43
3.2 曝光三要素——快门 45
    3.2.1 快门的概念及表示方法 45
    3.2.2 快门速度对曝光量的影响 46
    3.2.3 快门速度对运动模糊效果的影响 ... 46
    3.2.4 安全快门的概念及换算 47
3.3 曝光三要素——感光度 48
    3.3.1 感光度的概念 48
    3.3.2 高低感光度的优缺点分析 49
3.4 拍摄模式 50
    3.4.1 基本模式——全自动模式 50
    3.4.2 基本模式——全自动（禁用闪光灯）
          模式 50
    3.4.3 场景模式——人像模式 51
    3.4.4 场景模式——风光模式 51
    3.4.5 场景模式——微距模式 52
    3.4.6 场景模式——夜景人像模式 52
    3.4.7 高级拍摄模式——程序自动曝光模式
          （P） 53
    3.4.8 高级拍摄模式——光圈优先曝光模式
          （A/Av） 54
    3.4.9 高级拍摄模式——快门优先曝光模式
          （S/Tv） 55
    3.4.10 高级拍摄模式——手动曝光模式（M） ... 56
    3.4.11 高级拍摄模式——B门曝光模式 ... 58

第4章

数码单反相机的镜头

4.1 镜头焦距与视角的关系 60
4.2 变焦镜头与定焦镜头 61

    4.2.1 定焦镜头 61
    4.2.2 变焦镜头 61
4.3 恒定光圈镜头与浮动光圈镜头 62
    4.3.1 恒定光圈镜头 62
    4.3.2 浮动光圈镜头 62
4.4 全画幅镜头与C画幅镜头 63
    4.4.1 全画幅镜头 63
    4.4.2 C画幅镜头 63
4.5 原厂镜头与副厂镜头 64
    4.5.1 原厂镜头 64
    4.5.2 副厂镜头 64
4.6 学会换算等效焦距 65
4.7 按焦段认识镜头 66
    4.7.1 广角镜头 66
    4.7.2 标准镜头 67
    4.7.3 长焦镜头 68
    4.7.4 微距镜头 68

第5章

了解摄影附件

5.1 脚架 70
5.2 存储卡 71
    5.2.1 全面认识不同类型的SD存储卡 71
    5.2.2 SDHC型SD卡 71
    5.2.3 SDXC型SD卡 71
    5.2.4 MicroSDHC型存储卡 71
5.3 滤镜 72
    5.3.1 UV 镜和保护镜 72
    5.3.2 偏振镜 73
    5.3.3 中灰渐变镜 74
    5.3.4 中灰镜 75

5.4 快门线和遥控器 75
5.5 闪光灯 76
5.6 遮光罩 76

6.8.1 黄金分割法构图 89
6.8.2 水平线构图 90
6.8.3 垂直线构图 91
6.8.4 斜线及对角线构图 92
6.8.5 辐射式构图 92
6.8.6 L形构图 93
6.8.7 对称式构图 93
6.8.8 S形构图 94
6.8.9 三角形构图 94
6.8.10 散点式构图 95
6.8.11 框架式构图 95
6.9 构图的终极技巧——法无定式 96

第6章
摄影构图常识

6.1 构图的两大目的 78
    6.1.1 构图目的之一——赋予画面形式美感 78
    6.1.2 构图目的之二——营造画面的兴趣中心 78
6.2 画幅 79
    6.2.1 横画幅 79
    6.2.2 竖画幅 79
    6.2.3 方画幅 80
    6.2.4 宽画幅 80
6.3 认识各个构图要素 81
    6.3.1 主体 81
    6.3.2 陪体 81
    6.3.3 环境 81
6.4 掌握构图元素 82
    6.4.1 用点营造画面的视觉中心 82
    6.4.2 利用线赋予画面形式美感 82
    6.4.3 找到景物最美的一面 82
6.5 3种常见水平拍摄视角 83
    6.5.1 正面 83
    6.5.2 侧面及斜侧面 84
    6.5.3 背面 84
6.6 利用高低视角的变化进行构图 85
    6.6.1 平视拍摄要注意的问题 85
    6.6.2 俯视拍摄要注意的问题 86
    6.6.3 仰视拍摄要注意的问题 87
6.7 开放式及封闭式构图 88
6.8 常用构图法则 89

第7章
摄影光线常识

7.1 光线的方向 99
    7.1.1 顺光 99
    7.1.2 前侧光 99
    7.1.3 侧光 100
    7.1.4 侧逆光 100
    7.1.5 逆光 101
    7.1.6 顶光 101
7.2 光线的属性 102

| | 7.2.1 直射光 | 102 |
| | 7.2.2 散射光 | 102 |

第8章
摄影色彩常识

8.1	光线与色彩	104
8.2	曝光量与色彩	104
8.3	运用对比色	105
8.4	运用相邻色使画面协调有序	105
8.5	拍冷暖对比照片的8种方法	106
	8.5.1 利用云霞	106
	8.5.2 利用散射的天光	106
	8.5.3 利用室外人工光	107
	8.5.4 利用长时间曝光	107
	8.5.5 利用固有色、光源色、环境色	107
	8.5.6 利用室内人工光	108
	8.5.7 利用背景色	108
	8.5.8 冷暖色比例控制	108

第9章
高级曝光技巧

9.1	测光	110
	9.1.1 曝光与测光的关系	110
	9.1.2 认识测光	110
	9.1.3 三种测光模式	111
9.2	对焦	113
	9.2.1 认识对焦	113
	9.2.2 对焦点与照片清晰区域之间的关系	113
	9.2.3 三种自动对焦模式	114
	9.2.4 手动对焦	116

9.3	直方图	117
	9.3.1 认识直方图	117
	9.3.2 五种典型直方图	118
9.4	曝光补偿	120
	9.4.1 认识曝光补偿	120
	9.4.2 曝光补偿的表示方法	120
	9.4.3 曝光补偿的运用	121
	9.4.4 深入理解曝光补偿的原理	122
9.5	包围曝光	123
9.6	锁定曝光	124
9.7	白平衡	125
	9.7.1 认识白平衡	125
	9.7.2 预设白平衡	126
9.8	认识色温	127

第10章
人像摄影要点

10.1	人像摄影的曝光设置	129
	10.1.1 灵活设置快门速度拍摄动静不定的人像	129
	10.1.2 通过增加曝光补偿拍出白皙皮肤的人像	129
	10.1.3 灵活运用白平衡表现真实色彩的人像	130
	10.1.4 适当提高感光度拍摄暗光环境中的人像	130
10.2	人像摄影常用画幅形式	131
	10.2.1 利用横画幅构图表现环境人像	131
	10.2.2 利用竖画幅构图突出人像身材	131
10.3	人像摄影常用构图方法	132
	10.3.1 斜线构图	132

10.3.2 S形构图 132
10.3.3 三分法构图 133
10.3.4 框式构图 133
10.4 人像摄影中前景的重要性 134
10.4.1 利用前景烘托主体、渲染气氛 134
10.4.2 利用前景加强画面的空间感和
      透视感 135
10.4.3 通过模糊前景使模特有融入环境
      的感觉 135
10.5 拍出浅景深唯美人像 136
10.5.1 长焦镜头获得浅景深营造层次感 ... 136
10.5.2 靠近模特拍出虚化背景 136
10.5.3 模特远离背景拍出虚化的背景 137
10.5.4 选择合适的背景 137
10.6 怎样判断四肢的取舍是否正确 138
10.7 不同角度光线拍摄人像的技巧 139
10.7.1 美化人物肌肤的顺光 139
10.7.2 表现人物立体感的前侧光 139
10.7.3 强调人物形体的逆光 140
10.7.4 展现人物轮廓的侧逆光 140
10.7.5 利用顶光突出表现人物发质 140
10.8 夜景人像的拍摄技巧 141

第11章
风光摄影要点

11.1 风光摄影的4字诀 143
11.1.1 守时 143
11.1.2 现势 143
11.1.3 表质 144
11.1.4 塑形 144
11.2 风光摄影中的四低原则 145

11.2.1 低饱和度 145
11.2.2 低对比度（低反差） 145
11.2.3 低感光度 146
11.2.4 低曝光量 146
11.3 拍摄山景的技巧 147
11.3.1 利用大小对比突出山的体量感 147
11.3.2 利用不同的光线来表现山脉 148
11.4 拍摄大海的技巧 149
11.4.1 拍摄海景时可纳入前景丰富
      画面元素 149
11.4.2 高、低海平线及无海平线构图 150
11.4.3 表现飞溅的浪花 151
11.5 拍摄湖泊的技巧 152
11.5.1 拍摄水中倒影 152
11.5.2 表现通透、清澈的水面 153
11.6 拍摄瀑布的技巧 154
11.6.1 避免在画面中纳入过多天空部分 ... 154
11.6.2 通过对比表现瀑布的体量 154
11.6.3 竖画幅表现瀑布的垂落感 155
11.6.4 利用宽画幅表现宽阔的瀑布 155
11.7 拍摄溪流的技巧 156
11.7.1 不同角度拍出溪流不同的精彩 156
11.7.2 准确控制曝光量 156
11.7.3 通过动静对比拍摄溪流 156
11.8 拍摄日出日落的技巧 157
11.8.1 正确的曝光是成功的开始 157
11.8.2 利用陪体为画面增添生机 158
11.9 拍摄雪景的技巧 159
11.9.1 通过明暗对比使画面层次更丰富 ... 159
11.9.2 逆光突出雪的颗粒感 160
11.9.3 拍摄高调雪景风光照片 160
11.10 树木的拍摄技巧 161
11.10.1 利用树林里的光影增强画面空间感 .. 161
11.10.2 采用逆光表现优美的树木剪影轮廓 .. 161
11.10.3 利用逆光拍摄树木的剪影效果 162
11.10.4 选择合适的角度拍摄雾凇 162
11.11 拍摄花卉的技巧 163
11.11.1 利用广角镜头拍出花海的气势 163
11.11.2 利用散点构图拍摄星罗棋布的花卉 .. 164
11.11.3 利用对称构图拍摄造型感良好
       的花朵 164
11.11.4 逆光表现花卉的独特魅力 165

第12章
建筑与夜景摄影要点

12.1	建筑摄影拍摄器材的选择 167
	12.1.1 使用偏振镜消除建筑物表面的反光 .. 167
	12.1.2 使用超广角镜头强化视觉冲击力 167
	12.1.3 使用中长焦镜头表现建筑的
	外部特征 167
12.2	拍摄建筑的技巧 168
	12.2.1 表现建筑的韵律美感 168
	12.2.2 拍摄建筑时前景、背景与环境的选择 ... 169
	12.2.3 利用极简主义拍摄建筑 170
12.3	拍摄夜景的技巧 171
	12.3.1 拍摄流光飞舞的车流 171
	12.3.2 焦外成像造就的虚幻与柔美 172
	12.3.3 拍摄星轨 172

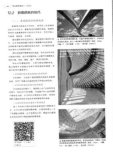

第13章
了解摄像

13.1	摄像技术发展简史 175
	13.1.1 20世纪前20年为启蒙时期 175

	13.1.2 20世纪30—50年代为电子摄像时期... 175
	13.1.3 20世纪60—90年代为磁录摄像时期 .. 175
	13.1.4 2000年至今为数码摄像时期 175
13.2	视频影像的主要特点.............................. 176
13.3	播映制式.. 176
13.4	摄像机的主要类型.................................. 177
	13.4.1 按用途分类 177
	13.4.2 按存储介质分类 178
	13.4.3 按传感器类型分类 179
	13.4.4 按清晰度分类 180
	13.4.5 新型摄像设备 180
13.5	摄像机选购要则...................................... 181
	13.5.1 根据用途定机型 181
	13.5.2 画面质量是重点 181
	13.5.3 量力而行不能忘 181
13.6	摄像机的握持方式.................................. 182
	13.6.1 基本握持姿势 182
	13.6.2 掌中宝握持姿势 182
	13.6.3 大中型摄像机握持姿势 182
13.7	摄像机操作要领...................................... 183
	13.7.1 起幅与落幅 183
	13.7.2 操作要领 183
13.8	固定拍摄与运动拍摄.............................. 184
	13.8.1 固定拍摄 184
	13.8.2 运动拍摄 184

第14章
专题摄像

14.1	商业类专题拍摄...................................... 188
	14.1.1 企业专题片 188
	14.1.2 婚礼庆典和聚会 189
14.2	新闻类专题.. 191

14.2.1 新闻类专题 191
14.2.2 会议专题 193
14.2.3 文艺专题片 194

视频二维码目录

多听前人的话 3
NX2软件学习 27
DPP软件学习 27
ACR软件学习 27
365拍摄计划 46
技与道同样重要 51
理解阶段性正确 73
拍前想一下 79
多拍才能从量变到质变 83
15种构图技巧 89
反复拍摄同一题材 101
好照片的双重标准 106
多看优秀绘画作品 106
人眼与摄影眼之间的区别 127
糖水片什么样 131
前景吸引 137
功夫在诗外 137
一个有趣的练习 138
多看优秀电影作品 139
营造视觉焦点的技巧 141
8种风光摄影技巧 147
从身边事物拍起 149
四位摄影大师分析 150
出错与献丑可能是初学者常态 157
让照片有情绪 158
使照片具有视觉焦点 163
10大建筑拍摄技巧 168
只是模仿是无法出彩的 170
突出拍摄对象 170

第1章 数码摄影及数码相机

1.1 什么是摄影

很多人认为,摄影就是拿起照相机按动快门拍摄照片,但事实上摄影并不是如此简单。从形式上看,摄影是通过照相机把景物影像记录下来,但摄影的最终目的是:在照片中通过对景物的描述来表达摄影师的内心思想。所以摄影是技术和艺术的结合,客观和主观的统一。

从技术上讲,摄影是通过物体所反射的光线使感光介质曝光的过程,摄影师通过对光与影的把握、形体与色彩的组合,拍摄出能记录景物影像的照片。从艺术上讲,有人说摄影家的能力是把日常生活中稍纵即逝的平凡事物转化为不朽的视觉图像。这是很有见地的!生活中常见的场景,一经摄影家捕捉,凝固成静止的图片,可以使人观赏后印象十分深刻。与动态的摄像相比,由于静态的图片更容易被人记住,因而更具有感染力,所以在摄像技术高度发达的今天,摄像机并没有取代照相机。

从摄影师的角度看,摄影是一种自我表达的方式,可以认为是通过摄影来"托物言志",就是把自己的思想感情、审美体验和人生感悟寄托在景物当中,用照片的形式表达出来。当然,要准确地表达思想,就要掌握构图和其他摄影技术,如线条和轮廓的几何形状、色调的均衡、场景的剪裁和设计等手法。从摄影受众的角度看,观众是通过对照片的欣赏来读懂拍摄者所要表达的内涵,内心与拍摄者产生共鸣。当然,拍摄者的构图也能给观众带来很好的视觉感受。

同为艺术的一个类别,摄影和文学、音乐有很大的相似之处。文学是通过语言、文字来表达作家的思想,音乐是通过旋律、节奏来传递音乐家的情感,而摄影则是通过用光、构图来表现摄影家的内心世界!

▲ 摄影家善于利用恰当的光线,使作品具有更强的震撼力(焦距:70mm 光圈:F9 快门速度:1/800s 感光度:ISO100)

▲ 寻常可见的景物,经过摄影家光线和构图的选择,能给人不一样的美感(焦距:200mm 光圈:F3.5 快门速度:1/125s 感光度:ISO100)

▲ 通过照片表达对少数民族百姓生活的关注(焦距:50mm 光圈:F9 快门速度:1/200s 感光度:ISO100)

1.2 什么是数码摄影

传统的摄影是以卤化银胶片为感光介质，就是光线与胶片上的卤化银发生化学反应来形成影像。

直到1969年10月17日，美国贝尔研究所的鲍尔和史密斯宣布发明CCD电荷耦合器，但当时的CCD只是用于军事领域。1981年，日本SONY公司发布了世界第一款磁记录方式的电子静物照相机MABIKA，从而产生了一种全新的摄影系统——把光信号转变为电子信号的CCD和磁录方式，虽然这款相机最终没有成为批量生产的商品，但是它却引起了军方和民用领域的广泛关注。"数码摄影"就这样诞生了！

▲ 世界上第一台数码相机——索尼"MABIKA"

数码摄影是指通过电子影像传感器的感光作用，把被摄物体的影像以数字图片形式记录在存储设备中。在数码摄影中，电子感光元件替代了传统的胶片，而且可以直接把拍摄好的照片传输到电脑当中，而不用像过去要经过暗房制作照片，然后用扫描仪扫描才能变为电子格式存储到电脑当中。

▲ 数码相机的CCD电子感光元件替代了传统的胶片

经历28年的发展，无论是普通摄影还是专业摄影领域，数码摄影都已经垄断了整个摄影行业。而且随着数码科技的不断进步，数码摄影仍在以较快的步伐在前进，像素更高、功能更多、操作更便捷、价格更便宜的摄影器材将会逐步出现。

▲ 无论拍摄什么题材，通过数码摄影这种手段都能够很好地表现

1.3 数码单反相机发展历程

1.3.1 数码单反相机的诞生和早期发展

1981年索尼生产了世界第一台不用胶片的电子静物照相机MABIKA。该相机使用了10mm×12mm的CCD，分辨率仅为27.9万像素。而第一台数码单反相机的诞生却在10年以后。

1990年，柯达推出全球第一部数码单反相机柯达DCS 100。DCS 100使用了一块140万像素、面积为20.5mm×16.4mm的CCD，等效焦距倍率为1.8。限于当时的生产水平，该相机的机身直接采用尼康胶片相机的机身，而且LCD显示屏和相机机身不是连成一体的，使用起来非常不方便。但以当时的眼光看，这款相机已经是顶级配置，所以售价高达30000美元。

▲ 世界上第一台数码单反相机柯达DCS100

1995年3月，尼康推出了与富士合作生产了新型数码单反相机E2和E2s。和以前的柯达DCS系列的设计思想不同，E2和E2s不再照搬传统的胶片相机机身，而是采用全新的一体化机身设计，不过像素只有140万。7月佳能发布了自己的第一台数码单反EOS DCS3，使用的是柯达生产的130万像素CCD。同年美能达也推出了数码单反RD-175。

▲ 尼康第一款独立研制的数码单反相机 D1

1999年，尼康终于研制出自己的数码单反尼康D1，价格相对柯达DCS系列来说要低廉很多，而且像素也达到了274万。 D1的出现改变了过去数码单反价格高昂、性能低的"丑小鸭"形象。

2000年，佳能公司推出完全独立研发的数码单反EOS-D30，是世界上第一台使用CMOS感光元件的相机，像素达到了325万。

2003年，宾得推出了自己的数码单反*ist D，同年，奥林巴斯也不甘示弱，推出了4/3系统的代表作E1，像素达到500万。

▲ 佳能第一款完全独立研发的数码单反 EOS D30

▲ 早期的数码单反相机虽然像素很低，但也有不错的成像质量（焦距：30mm 光圈：F11 | 快门速度：1/250s | 感光度：ISO100）

学习视频：多听前人的话

1.3.2 全画幅数码单反相机的诞生和早期发展

2000年，康泰时发布了数码单反相机N Digital，这是全球首款35mm全画幅数码单反相机。N Digital搭载了一块飞利浦生产的600万像素CCD传感器，这块传感器面积达到了35mm全幅24mm×36mm尺寸。

2002年，柯达公司发布了"天骄之作"——全画幅数码单反相机DCS Pro 14n，这也是世界上第一款全画幅CMOS数码单反相机。DCS Pro 14n采用的CMOS传感器达到了惊人的1371万像素。

就在柯达DCS Pro 14n发布的同一天，佳能也发布了旗下第一款全画幅数码单反EOS 1Ds，EOS 1Ds的CMOS传感器也达到了1110万有效像素。

全画幅数码单反经过9年的发展，已经逐步走向普及。当年的康泰时和柯达都随着竞争的失利退出了单反相机生产领域，而在2007年，尼康公司终于发布了旗下第一台数码单反D3，2008年，索尼公司也推出了自己的全画幅产品A900，全画幅市场形成了三足鼎立的局面。目前普及型的全画幅数码单反一万多元就可以买到。

▲ 世界上第一台全画幅数码单反相机康泰时 N Digital

▲ 柯达发布的全画幅数码单反 DCS Pro14n

▲ 佳能第一款全画幅数码单反 EOS 1Ds

▲ 佳能第一款全画幅数码单反相机就达到了极高的成像质量（焦距：24mm 光圈：F9 快门速度：12s 感光度：ISO100）

1.3.3 "平民化"数码单反相机的出现

2003年8月,佳能公司推出了第一台万元以下的数码单反相机EOS 300D,为了节省成本,它采用的是塑料机身,传感器面积为22.7mm×15.1mm,分辨率也达到了603万像素。

不到半年,2004年1月,尼康公司也发布了低端入门级的数码单反相机D70,结束了佳能独霸入门级数码单反的历史。从此,昔日只有贵族阶层和职业摄影师才能拥有的单反相机走进千家万户,进入普通消费者的家庭。

目前,平民化的入门级单反相机价格已经十分"便宜",有的连镜头一起只需3000元出头,甚至比少数DC数码相机的价格还低。

▲ 第一台万元以下的数码单反相机佳能 EOS 300D

1.3.4 数码单反相机的最新发展

目前,佳能顶级专业相机EOS 5Ds已经达到了5060万有效像素,各方面的综合性能已经可以和顶级的胶片专业相机相媲美了。

即使是上市不久的入门级数码单反相机佳能EOS760D和尼康D5500也达到了2420万像素和2416万像素,各方面的综合性能也十分强大。

近年来,随着数码单反相机巨大的优势和极高的成像质量,数码摄影已经迅速占据了世界摄影的主流位置。

▲ 尼康最早的"平民化"数码单反 D70

▲ 佳能专业相机 EOS 5Ds

▲ 尼康最新发布的入门级 D5500

▲ 单反相机的画质越来越精细,可获得非常精彩的画面效果(焦距:30mm 光圈:F8 快门速度:10s 感光度:ISO100)

1.4 微单相机的发展

微单是索尼在中国注册的名称，意思为微型单镜无反电子取景相机。"微单"相机定位于一种介于数码单反相机和卡片机之间的跨界产品，其结构上最主要的特点是没有反光镜和棱镜。微单主要被赋予了两个意思：微，微型小巧；单，单反相机的画质。表示了这种相机有小巧的体积和单反的画质。"微单"相机所针对的客户群主要是那些一方面想获得非常好的画面表现力，另一方面又想获得紧凑型数码相机的轻便性的目标客户群。

▲ 索尼旗下的微单相机

"在专业机中最时尚，在时尚机中最专业"，是"微单"相机区别于单反相机及卡片式数码相机的潜台词。微单和单反的成本区别在于是否拥有反光板组件，微单由于直接依靠传感器成像，不需要单反中的反光板组件，因此在相近性能的入门单反和微单之间，微单的机身成本更低，因而机身价格通常低于同档次入门单反。

微单得益于反光板组件的取消，机身的体积远小于同档次性能相近的单反机身。但在传感器性能方面，微单与单反相同。高端单反在性能上则较微单强，当前微单系统的连续跟踪对焦能力依然不如单反，但单次对焦能力速度已经达到中高端单反水平。高端微单则可满足准专业摄影的要求。

▲ 佳能旗下的微单相机

微单可通过转接环转接几乎所有现有单反镜头，但在功能上会有所牺牲。在镜头价格方面，同等规格的中低端镜头，微单镜头普遍略贵于单反镜头。而高端微单镜头则普遍比高端单反镜头便宜。

总体而言，微单适合家用、旅行以及准专业摄影，目前有逐步替代入门单反的趋势。但在高端领域，单反依然是摄影棚和杂志不可或缺的工具。

微单相机比较有名的有索尼的NEX系列，奥林巴斯EP系列、富士X系列、松下GF系列和三星NX系列等。

▲ 尼康旗下的微单相机

◀ 目前的微单相机也可获得非常好的画质（焦距：27mm ¦ 光圈：F11 ¦ 快门速度：6s ¦ 感光度：ISO100）

1.5 数码单反相机的成像原理

数码单反的光学原理与胶片单反相同,而生成影像的过程却完全不同。

1.5.1 数码单反的光学原理

数码单反相机与其他相机(如DC数码相机、旁轴相机)最大的不同之处是在机身内装有反光镜和五棱镜,光线在相机内通过的路径不一样。如图所示,光线透过镜头到达反光板,折射到上方的对焦屏上形成影像,然后通过五棱镜投射到取景器上,你就可以在光学取景器上看到影像了。这种结构使单反相机不存在旁轴相机取景存在视差的问题,而实现了"所见即所得"的效果。

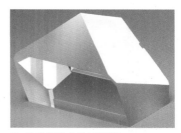

① 反光板
② 电子影像传感器
③ 对焦屏
④ 光学取景器
⑤ 五棱镜

▲ 数码单反相机的光学原理示意图

▲ 单反相机上的五棱镜

当按动快门时,反光镜向上弹起,快门帘幕同时打开,取景的光线直接照射到感光元件上,使感光元件曝光。由于反光镜弹起的瞬间,光线不能反射到五棱镜,此时光学取景器上会出现短暂"黑屏"的情况,设定的快门速度越慢,黑屏的时间就越长。

1.5.2 数码单反生成影像的过程

由于数码单反相机的成像是在电子感光元件(影像传感器)上完成的,所以与胶片相机生成影像的过程完全不同。

在拍摄时,光线通过镜头照射在影像传感器上,影像传感器释放出电荷,把光学信号转换为模拟电信号。模拟电信号被放大和滤波后,传送到A/D转换器(模拟信号/数字信号转换器),A/D转换器把模拟信号转换为数字信号,从而形成了原始的数字影像。然后,DSP数字信号处理器对原始的数字影像的锐度、色彩、白平衡等参数进行一定的处理,最后被编码形成最终的图片保存在存储卡内。

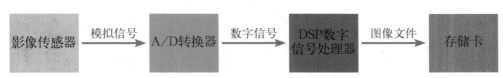

▲ 数码单反生成影像的过程示意图

1.6 数码单反相机的主流品牌

自从单反相机诞生以来,无数的摄影发烧友在不断争论,到底哪一个品牌的数码单反相机才是最好的?其实这是一个仁者见仁,智者见者的问题。因为,不同的相机品牌有不同的历史,生产的相机有不同的成像特色,在技术上也各有优缺点。单纯地说好或者不好都是有偏颇的。

目前,市场上的单反相机有以下几大品牌:佳能、尼康、索尼、宾得、奥林巴斯、富士、松下、三星等。由于佳能、尼康、索尼的数码单反相机的市场占有率高达90%,因此我们将重点介绍这3个品牌。

▲ 在市场上所有数码单反相机的品牌当中,佳能、尼康、索尼的产品线最为齐全,市场影响力也相对较大

▼ 使用高端相机拍摄的精彩画面,色彩还原真实,细节清晰锐利(焦距:110mm │ 光圈:F20 │ 快门速度:1/800s │ 感光度:ISO100)

1.6.1 佳能

佳能这一品牌长期占据着市场上数码单反相机"老大"的位置。佳能之所以成为最受关注的相机品牌,源于其人性化的设计、便捷的操作方式,以及优异的成像质量。值得一提的是,佳能数码单反相机的性价比较高,在同档次的机型当中,佳能的价格要便宜一些。和其他品牌的同级产品相比,佳能的产品宣传也更广泛一些。

值得一提的是,佳能镜头走的是两个极端——高端路线和低端路线,两者的差异十分显著。对于普通摄友来说望尘莫及的高端带红圈L镜头,其成像质量在摄影界有口皆碑。而价格相对便宜的佳能低端镜头,成像质量比较普通,与高端镜头相比差距十分明显。

佳能全线数码单反相机	
顶级	1DX
高端	EOS 5Ds、EOS 5DsR、EOS 5D Mark III
中高端	EOS 5D Mark II、EOS 7D Mark II
中端	EOS 70D系列
中低端	EOS 750D、EOS 760D系列
低端	EOS 1100D

▲ 佳能最新发布的中高端数码单反 EOS 7D Mark II 抓拍蝴蝶落在花朵上的瞬间(焦距:200mm ┊ 光圈:F4 ┊ 快门速度:1/100s ┊ 感光度:ISO100)

1.6.2 尼康

尼康是唯一能与佳能抗衡的数码单反相机"巨头",其机身做工十分讲究,也非常牢固耐用。严谨的设计理念,使其新型产品的推出往往需要几年的时间,因此技术升级十分明显。尼康相机的一大优势是高感光度成像优秀,如高端产品D4S,在使用高达ISO6400的感光度拍摄时也有非常不错的画面质量。

从镜头的角度来说,尼康镜头成像锐利、品质出众。除了带金圈的高端镜头有无比卓越的成像品质之外,尼康的"廉价"低端镜头也有非常不错的成像质量,例如尼康50mm F1.8镜头,在"锐不可当"的优异画质下,还采用了金属卡口(其他同级别镜头几乎全部为塑料卡口),使得镜头的坚固程度大大增强,这对于普通摄影爱好者来说无疑是一件求之不得的事情,尼康也因此俘获了广大摄影发烧友的心。

尼康全线数码单反相机	
顶级	D4S、D3X
高端	D800、D810
中高端	D610、D750
中端	D7100、D7200
中低端	D5300、D5500
低端	D3300、D3200

▲ 使用尼康高端相机拍摄,得到锐利的画质(焦距:119mm 光圈:F13 快门速度:10s 感光度:ISO100)

1.6.3 索尼

索尼公司于2006年才开始涉足数码相机市场，但发展却异常迅速，这在很大程度上得益于它拥有独立的感光元件开发能力(甚至尼康相机的感光元件也是由索尼公司提供的)，另外，得益于与世界顶级镜头生产商卡尔·蔡司的合作，索尼迅速完善了自己的镜头群，也进一步推动了其数码相机的推广。

索尼数码相机实用、易用、好用，非常适合普通摄影爱好者，最有特点的是索尼相机带有机身防抖功能，这就不用像其他品牌一样，花高价去买光学防抖镜头了。

另外，索尼继承了美能达的光学镜头设计，因此可以使用所有的美能达镜头。

	索尼全线数码单反相机	索尼数码微单相机
高端	α99	α7RⅡ
中低端	α77Ⅱ	α7
低端	α58	α5000、α6000

▲ 这张照片是使用 α77Ⅱ拍摄的，由于该相机具有五轴防抖功能，即使曝光时间较长，照片的清晰度也仍然非常好（焦距：18mm ┊光圈：F9 ┊快门速度：10s ┊感光度：ISO100）

1.7 数码单反与其他相机的比较

现在，无论是新闻发布会还是运动会上，记者们几乎清一色地使用数码单反相机拍摄，然后以最快的速度把照片传送到世界各地。到底数码单反相机有什么优势使它广受记者们的青睐呢？

1.7.1 与胶片单反相机的比较

1. 成像方式不同

胶片单反相机使用的感光材料是银盐胶片，是通过光线与胶片上的卤化银产生化学反应而成像的。

数码单反相机是通过电子感光元件把光信号转化为电信号，再经转化成数字信号存储起来的。每卷胶卷只能拍36张，而一般的存储卡都可以存放数百甚至上千张的数字照片。

▲ 一卷胶卷通常只能拍摄36张，拍完还要在暗房里经显影、定影才能洗出最终的照片

2. 照片浏览不同

胶片单反相机在一卷胶片拍摄完后，要在暗房里对胶片进行显影、定影，并通过相纸洗出来才能浏览照片。而数码单反相机则可以拍摄完就可以在LCD显示屏上即时回放浏览，当发现拍摄不成功时可以立即重新拍摄，具有相当大的便捷性。

▲ 数码单反相机拍摄完可以在LCD显示屏上即时浏览

3. 存储介质不同

胶片单反相机的存储介质是卤化银胶片，需要在良好的条件下才能长时间保存。数码单反相机的存储介质是存储卡，在存储卡不损坏的情况下可以长时间保存，并且还可以转存到电脑硬盘或其他移动存储设备当中。1张小小的2GB存储卡可以保存上千张照片，而要保存1000张底片却要占用不少空间。

▲ 1张小小的存储卡可以存上千张照片

1.7.2 与DC数码相机的比较

1.更优秀的成像质量

在单反相机里,有以Canon EOS 5DⅢ和Nikon D800为代表的全画幅相机,还有以Canon EOS 70D和Nikon D7200为代表的APC-C画幅相机,无论是哪种画幅的数码单反相机,都要比DC数码相机中,以Canon SX60 HS1和Nikon P900s为代表的1/2.3画幅相机的电子感光元件面积大,而感光元件面积越大,成像质量就越优秀。

▲ 外形小巧的DC数码相机价格比单反数码相机便宜许多,但成像质量跟数码单反还有很大差距

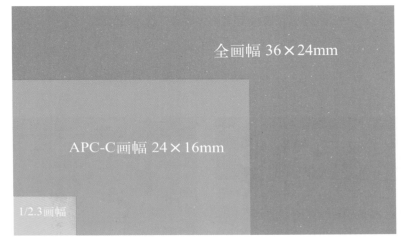

▲ 数码单反相机感光元件和DC数码相机感光元件大小的比较

另外,由于单反相机不仅可以更换镜头,而且镜头的光学素质普遍较高,而DC数码相机由于要控制造价成本,很难有出色的镜头,这样也导致了数码单反相机有更优异的成像质量。

▲ 佳能有丰富的高素质镜头可供选择

2. 更便捷的操控方式

照相机是摄影的工具，便捷的操控方式可以给摄影带来很多方便。DC数码相机由于机身体积较小，很多功能都只能在菜单里设置，操作起来比较繁琐。而数码单反相机由于机身较大，大多数常用的功能都可以通过功能按钮来实现，这给拍摄带来了不少方便与快捷。

▲ 数码单反相机上齐全的功能按键操控起来非常便捷

3. 更快的连拍速度

目前连拍速度最慢的数码单反相机也达到了3张/秒，而快的如尼康D3达到了11张/秒，对于DC数码相机，通常都达不到这样的连拍速度。更快的连拍速度在拍摄运动物体时具有更大的优势。

▲ DC数码相机按键较少，很多功能都在菜单里设置

▲ 数码单反相机拥有优越的高速连拍功能，可以抓住更多精彩的画面

4. 更快的反应速度

与DC数码相机相比，数码单反相机的开机时间短、快门时滞小、对焦速度快，这些更快的反应速度对于特殊场合的抓拍、画面瞬间捕捉都具有很大的意义。

▲ 快速的反应速度能够抓住每一个精彩瞬间

5. 更多的可选配件

数码单反相机跟DC数码相机相比具有很强的扩展性，有丰富可选的配件，如滤镜、闪光灯、快门线、遮光罩等等。这些配件为拍摄出高水平的照片提供了极大的辅助作用，可以增强相机在不同环境、不同场合的拍摄能力。

▲ 数码单反相机有丰富的配件可选，大大地扩展了拍摄性能。左图为遮光罩，右图为外置闪光灯

课后练习与提升

1. 谈谈对摄影的认识。
2. 数码相机分为几种类型?
3. 数码单反相机为什么能得到普及?
4. 数码单反相机的成像原理是什么?
5. 目前市场上数码单反相机的主流品牌有哪几种?
6. 数码单反相机的优势有哪些?

第2章 认识相机结构及掌握基本设置

2.1 认识常见主流数码单反相机功能部件

卡片相机结构比较简单，因此易上手，易操作，而单反相机虽然有许多可控性，但设置起来比较复杂，且灵活多变，所以在此详细讲解一下单反相机的结构和功能。

2.1.1 认识尼康主流相机

尼康相机的机型都类似，在此以D7200为例讲解尼康相机的结构功能，如果使用的是其他型号的尼康相机也可以此作为参考。

1 AF辅助照明器/自拍指示灯/防红眼灯

选择"防红眼"功能后，该指示灯会亮起；当设置2s或10s自拍功能时，此灯会连续闪光进行提示；当拍摄场景的光线较暗时，该灯会亮起，以辅助对焦

2 副指令拨盘

用于调整光圈、图像尺寸、闪光补偿、AF区域模式等，或播放照片

3 景深预览按钮

按下景深预览按钮，将镜头缩小到当前光圈设置，通过取景器可以查看景深

4 Fn（功能）按钮

此按钮的默认功能为自拍，在"自定义设定"菜单中可将其变更为其他功能

5 镜头卡口

尼康数码单反相机均采用AF卡口，可安装所有此卡口的镜头

6 镜头释放按钮

用于拆卸镜头，按下此按钮并旋转镜头的镜筒，可以把镜头从机身上取下来

7 红外线接收器（前）

用于接收遥控器信号

8 反光板

能够将从镜头进入的光线反射至取景器内，使摄影师能够通过取景器进行取景、对焦

第2章 认识相机结构及掌握基本设置 17

1 闪光模式/闪光补偿按钮
按下此按钮并旋转主指令拨盘，可以设置闪光模式；按下此按钮并旋转副指令拨盘可以设置闪光补偿值

2 BTK包围按钮
按下此按钮并旋转主指令拨盘，可以选择包围序列中的拍摄张数以及照片的拍摄顺序，按下此按钮并旋转副指令拨盘，可以选择包围增量

3 镜头安装标记
将镜头上的白色标志与机身上的白色标志对齐，旋转镜头即可完成镜头的安装

5 AF模式按钮
按下AF模式按钮并旋转主指令拨盘，可选择所需的自动对焦模式；按下AF模式按钮并旋转副指令拨盘，可选择所需的AF区域模式

6 对焦模式选择器
要使用自动对焦模式进行对焦，可将对焦模式选择器旋转至AF位置；要使用手动对焦模式进行对焦，可将对焦模式选择器旋转至M位置

7 耳机接口
用来连接耳机

8 配件端子
用来连接附送的连接线等配件

9 HDMI迷你接口（C型）
利用C型迷你针式高清晰度多媒体接口（HDMI）连接线可将相机连接至高清视频设备上

10 USB接口
利用USB连接线可将相机与计算机连接起来，以便在计算机上查看图像；连接打印机可以进行打印

11 外置麦克风接口
通过将带有立体声微型插头的外接麦克风连接到相机的外接麦克风输入端子，便可录制立体声

1 橡胶接目镜罩

用于隔离眼睛与取景器，其软性橡胶质地能够提升拍摄时眼睛的舒适度

2 删除按钮/格式化存储卡

在查看照片时，按下此按钮，显示屏中将显示一个确认对话框，再次按下此按钮可删除图像并返回播放状态。同时按住测光按钮和删除按钮直至闪烁的For（格式化）出现在控制面板和取景器中，然后再次按下这两按钮，可以格式化当前选择的存储卡

3 播放按钮

按下此按钮，可切换至查看照片状态

4 菜单按钮

按下此按钮，可显示Nikon D7200相机的菜单

5 帮助按钮/保护按钮/WB按钮

按下此按钮可以显示帮助信息，或是保护文件不被删除；按下此按钮并旋转主指令拨盘，可以选择白平衡类型

6 放大按钮/QUAL按钮

在查看已拍摄的照片时，按下此按钮可以放大照片以观察其局部；按下此按钮并旋转主指令拨盘，可以选择图像品质；按下此按钮并旋转副指令拨盘，可以选择图像尺寸

7 缩略图按钮/缩小按钮/ISO按钮/自动ISO感光度控制/双键重设按钮

在回放照片时，按下此按钮可以缩小缩略图或照片的显示比例；按下此按钮并旋转主指令拨盘可调整ISO感光度；按下此按钮并旋转副指令拨盘，可开启或关闭自动ISO感光度控制功能；同时按下此按钮和曝光补偿按钮2s以上，可将部分相机的设定恢复为默认值

8 i按钮/更改信息显示中的设定按钮/在即时取景或动画录制期间更改设定按钮/润饰照片按钮

若要更改信息显示下方的参数、选项，可按下此按钮，使这些参数、选项处于被激活的状态；在即时取景静态拍摄和动画录制前，按下此按钮可快速访问一些项目；在播放照片过程中，按下此按钮将出现润饰菜单，可快速创建润饰后的副本

1 显示屏

使用显示屏可以设定菜单功能、实时显示照片和短片以及回放照片和短片

2 取景器接目镜

在拍摄时，通过观察取景器接目镜中的景物可以进行取景构图

3 屈光度调节控制器

对于视力不好又不想戴眼镜拍摄的用户，可以通过调整屈光度，以便在取景器中看到清晰的影像

4 AE-L/AF-L锁定按钮

用于锁定曝光、对焦等，可在"自定义设定"菜单中改变其设置

5 主指令拨盘

用于调整快门速度、白平衡、感光度、曝光补偿等，或播放照片

6 多重选择器

用于选择菜单命令、浏览照片、选择对焦点等

7 OK（确定）按钮

用于选择菜单命令或确认当前的设置

8 对焦选择器锁定开关

将对焦选择器锁定开关转至"●"位置，多重选择器便可用于选择对焦点；转至L则无法手动选择对焦点

9 存储卡存取指示灯

将存储卡推入插槽直至发出咔嗒声，存储卡存取指示灯将会点亮几秒

10 LV按钮

按下此按钮后，反光板将弹起，此时可从显示屏中观察拍摄场景

11 红外线接收器（后）

用于接收遥控器信号

12 扬声器

用于在播放视频时播放声音

13 info（信息）按钮

按下此按钮时，显示屏中将显示当前的拍摄参数，如光圈、快门速度及感光度等；在即时取景静态拍摄及动画模式下，每按下此按钮，可以切换信息显示形式

14 即时取景选择器

将即时取景选择器旋转至 ,可以在即时取景状态下拍摄照片；将即时取景选择器旋转至 ,可以在即时取景状态下录制视频

① 拍摄模式拨盘

用于选择不同的拍摄模式，以便拍摄不同的题材

② 拍摄模式拨盘锁定解除按钮

按下此按钮，即可解锁拍摄模式拨盘，以便旋转模式拨盘选择所需拍摄模式

③ 释放模式拨盘锁定解除按钮

按下此按钮并旋转释放模式拨盘可选择一种快门释放模式

④ 释放模式拨盘

若要选择一种释放模式，可按下释放模式拨盘锁定解除按钮，并将释放模式拨盘旋转到相应位置

⑤ 热靴

用于安装外置闪光灯、无线引闪器等设备

⑥ 立体声麦克风

在录制视频时能够收录具有立体声效果的音频

⑦ 控制面板

可设置绝大部分常用的拍摄参数

⑧ 焦平面标记

用于测定拍摄对象和相机之间的距离，此标志距离镜头卡口边缘的距离是46.5mm

⑨ 测光按钮/格式化存储卡

按下此按钮并旋转主指令拨盘可改变测光模式；同时按下此按钮和删除按钮可格式化存储卡

⑩ 曝光补偿按钮/双键重设按钮

按下此按钮并旋转主指令拨盘，可以选择曝光补偿值；同时按住 ▣ 按钮和此按钮两秒以上，可恢复部分相机设定的默认值

⑪ 快门释放按钮

半按快门可以开启相机的自动对焦系统，完全按下时即可完成拍摄。当相机处于省电状态时，轻按快门可以恢复工作状态

⑫ 电源开关

用于控制 Nikon D7200 相机的开启及关闭

⑬ 动画录制按钮

按下动画录制按钮将开始录制视频，显示屏中会显示录制指示及可用录制时间

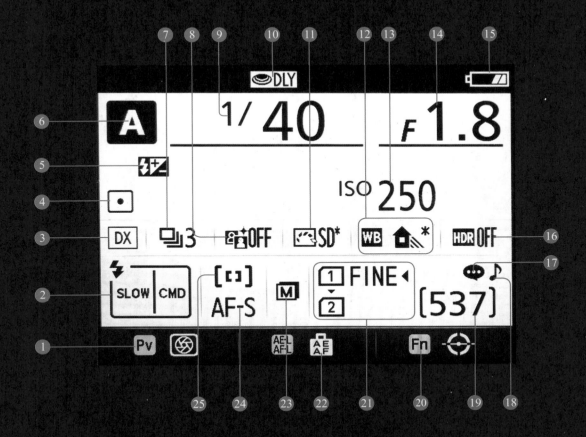

1. 景深预览按钮功能指定
2. 闪光模式
3. 影像区域指示
4. 测光模式
5. 闪光补偿
6. 拍摄模式
7. 释放模式/连拍速度
8. 动态D-Lighting
9. 快门速度
10. 曝光延迟模式
11. 优化校准
12. 白平衡/白平衡微调
13. ISO感光度
14. 光圈值（F值）
15. 相机电池电量
16. HDR指示/HDR强度/多重曝光指示
17. 图像注释
18. "蜂鸣音"指示
19. 剩余可拍摄张数/定时录制指示
20. Fn按钮功能指定
21. 图像品质/插槽2中存储卡的作用
22. AE-L/AF-L按钮功能指定
23. 图像尺寸
24. 自动对焦模式
25. 自动对焦区域模式

2.1.2 认识主流佳能相机

佳能相机的机型都类似，在此以70D为例讲解佳能相机的结构功能，如果使用的是其他型号的佳能相机也可以此作为参考。

① 快门按钮

半按快门可以开启相机的自动对焦及测光系统，完全按下时则完成拍摄。当相机处于省电状态时，轻按快门可以恢复工作状态

② 减轻红眼/自拍指示灯

在菜单中选择减轻红眼功能后，该指示灯会亮起；当设置2s或10s自拍功能时，此灯会连续闪光进行提示

③ 遥控感应器

可以使用RC-1、RC-5或RC-6遥控器在最远5m处拍摄。应把遥控器的方向指向该遥感应器，遥控感应器才能接收到遥控器发出的信号，并完成对焦和拍摄任务。使用RC-6可以进行立即拍摄或2s延时拍摄

④ 手柄（电池仓）

在拍摄时，用右手持握在此处。该手柄遵循人体工程学的设计理念，持握非常舒适

⑤ 景深预览按钮

按下景深预览按钮，可以将镜头光圈缩小到当前使用的光圈值，因此可以更真实地观察到以当前光圈拍摄的画面景深效果

⑥ 触点

用于相机与镜头之间传递信息。将镜头拆下后，请务必装上机身盖，以免刮伤电子触点

⑦ 镜头卡口

用于安装镜头，并与镜头之间传递距离、光圈、焦距等信息

⑧ 镜头固定销

用于稳固机身与镜头之间的连接

⑨ 镜头释放按钮

用于拆卸镜头，按下此按钮并旋转镜头的镜筒，可以把镜头从机身上取下来

⑩ 反光镜

未拍摄时反光镜为落下状态；拍摄时反光镜会升起，并按照指定的曝光参数进行曝光。反光镜升起和落下时会产生一定的机震，尤其是使用1/30s以下的低速快门时更为明显，使用反光镜预升功能可以避免由于机震而导致的画面模糊

⑪ 镜头安装标志

将镜头上的红色标志与机身上的红色标志对齐，旋转镜头即可完成安装

① 菜单按钮

用于启动相机内的菜单功能。在菜单中可以对图像画质、日期/时间/区域、照片风格等参数进行设置

② 信息按钮

每次按下此按钮，可以分别显示相机设置、电子水准仪以及拍摄功能等参数

③ 液晶监视器

使用液晶监视器可以设定菜单功能、使用实时显示模式拍摄、回放照片和短片等

④ 删除按钮

在回放照片模式下，按下此按钮可以删除当前照片。照片一旦被删除，将无法被恢复

⑤ 多功能控制钮（ ）

使用该控制钮可以选择自动对焦点、矫正白平衡、在实时显示拍摄期间移动自动对焦框；对于菜单和速控屏幕而言，只能在上下方向和左右方向工作

⑥ 多功能锁开关

用于控制速控转盘、主拨盘或多功能控制钮能否使用

⑦ 设置按钮（ ）

用于菜单功能选择的确认，类似于其他相机上的OK按钮

⑧ 速控转盘（ ）

按一个功能按钮后，转动速控转盘可以完成相应的设置

⑨ 回放按钮

按下此按钮可以回放刚刚拍摄的照片，还可以使用放大或缩小按钮对照片进行放大或缩小。当再次按下回放按钮时，可返回拍摄状态

⑩ 速控按钮（ Q ）

按下此按钮将显示速控屏幕，从而进行相关设置

⑪ 数据处理指示灯

拍摄照片、正在将数据传到存储卡以及正在读取或删除存储卡上的数据时，该指示灯将会亮起或闪烁

⑫ 自动对焦点选择/放大按钮

在拍摄模式下，按下此按钮，可以使用多功能控制钮选择自动对焦点；在照片回放模式下，按住此按钮可以放大照片

⑬ 自动曝光锁/闪光曝光锁按钮/索引/缩小按钮

在拍摄模式下，按下此按钮可以锁定曝光或闪光曝光，可以以相同曝光值拍摄多张照片；在照片回放模式下，按下此按钮可以进行索引显示；在照片回放模式下，按住此按钮可以缩小照片的显示比例

⑭ 自动对焦启动按钮

在创意拍摄区模式下，按下此按钮与半按快门的效果一样；在实时显示拍摄和拍摄短片时，可以使用此按钮进行对焦

⑮ 开始/停止按钮

用于开始或停止实时显示/短片拍摄状态

⑯ 实时显示拍摄/短片拍摄开关

将此开关设置为 ，可以启动实时显示拍摄模式，切换至 即可进入短片拍摄状态

⑰ 眼罩

推眼罩的底部即可将其拆下

⑱ 取景器目镜

在拍摄时，可通过观察取景器目镜里面的景物进行取景构图

1 模式转盘锁释放按钮
只需按住转盘中央的模式转盘锁释放按钮，转动模式转盘即可选择拍摄模式

2 模式转盘
用于选择拍摄模式，包括场景智能自动曝光模式、闪光灯关闭曝光模式、创意自动曝光模式、特殊场景模式以及 P、Tv、Av、M、B、C 等模式。使用时要按下模式转盘锁释放按钮，然后旋转模式转盘，使相应的模式对准右侧的白色标记即可

3 闪光同步触点
用于相机与闪光灯之间传递焦距、测光等信息

4 热靴
用于外接闪光灯，热靴上的触点正好与外接闪光灯上的触点相合。也可以外接无线同步器，在有影室灯的情况下起引闪的作用

5 液晶显示屏
用于显示拍摄时的各种参数

6 液晶显示屏照明按钮（ ）
按下此按钮可开启 / 关闭液晶显示屏照明功能

7 主拨盘（ ）
使用主拨盘 可以设置快门速度、光圈、自动对焦模式、ISO 感光度等

8 测光模式选择按钮（ ）
按下此按钮，转动主拨盘 或速控转盘 可选择测光模式

9 ISO 感光度设置按钮（ISO）
按下此按钮，转动主拨盘 或速控转盘 可以选择 ISO 感光度数值

10 自动对焦区域选择模式按钮（ ）
在拍摄模式下，按下此按钮即激活自动对焦区域选择模式，每次按下此按钮时自动对焦区域选择模式会改变

11 驱动模式选择按钮（DRIVE）
按下此按钮，转动主拨盘 或速控转盘 可选择驱动模式

12 自动对焦模式选择按钮
按下此按钮，转动主拨盘 或速控转盘 可以选择自动对焦模式

1 快门速度值
2 光圈值
3 闪光曝光补偿
4 ISO感光度
5 Wi-Fi功能
6 自定义控制按钮
7 图像画质
8 自动亮度优化
9 测光模式
10 白平衡包围曝光
11 驱动模式
12 白平衡矫正
13 自动对焦区域选择模式
14 白平衡图标
15 返回图标
16 自动对焦模式
17 照片风格
18 曝光补偿/自动包围曝光指示
19 拍摄模式

2.2 设置文件存储格式

佳能和尼康数码单反相机都可以设置JPEG与RAW至少两种文件存储格式。其中，JPEG是最常用的图像文件格式，它用压缩的方式去除冗余的图像数据，在获得极高压缩率的同时能展现十分丰富、生动的图像，且兼容性好，广泛应用于网络发布、照片洗印等领域。

RAW原意是"未经加工"，是数码相机专有的文件存储格式。RAW文件能够同时录数码相机传感器的原始信息以及相机拍摄所产生的一些原数据（如相机型号、快门速度、光圈、白平衡等）。准确地说，它并不是某个具体的文件格式，而是一类文件格式的统称。

例如，使用佳能相机拍摄时，得到的RAW格式文件的扩展名为*.CR2，这也是目前所有佳能相机统一的RAW文件格式。使用尼康相机拍摄时，得到的RAW格式文件的扩展名为*.NEF，这也是目前所有尼康相机统一的RAW文件格式。

右侧以Canon EOS 70D为例，展示了"图像画质"设置的方法。以Nikon D7200为例，展示了"图像品质"设置的方法（虽然，佳能与尼康系统的菜单名称不同，但其实意思是一样的）。

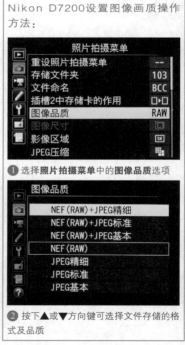

Canon EOS 70D设置图像画质操作方法：

① 在拍摄菜单1中点击选择图像画质选项

② 点击选择RAW格式画质，然后点击SET OK图标确认

2.2.1 采用RAW格式拍摄的优点

- 可在计算机上对照片进行更细致的处理，包括白平衡调节、高光区调节、阴影区调节；清晰度、饱和度控制以及周边光量控制；还可以对照片的噪点进行处理，或重新设置照片的拍摄风格。
- 可以使用最原始的图像数据（直接来自于传感器），而不是经过处理的信息，这毫无疑问将获得更好的画面效果。
- 可以利用14位图片文件进行高位编辑，这意味着更多的色调，可以使最后的照片达到更平滑的梯度和色调过渡。在14位模式操作时，可使用的数据更多。

Nikon D7200设置图像画质操作方法：

① 选择照片拍摄菜单中的图像品质选项

② 按下▲或▼方向键可选择文件存储的格式及品质

◀ 设置成RAW格式拍摄的夕阳，便于后期的色彩调整（焦距：45mm ¦ 光圈：F5.6 ¦ 快门速度：1/50s ¦ 感光度：ISO400）

2.2.2 如何处理RAW格式文件

当前很多软件能够处理RAW格式文件，如果是佳能用户，可以使用佳能原厂提供的软件——Digital Photo Professional，此软件是佳能公司开发的一款用于照片处理和管理的软件，简写为DPP，如果是尼康用户，可以用尼康原厂提供的软件——ViewNX，这些由原厂提供的软件能够处理数码单反相机拍摄的RAW格式文件，操作较为简单。

如果希望使用更专业的软件，可以考虑使用Photoshop，此软件自带RAW格式文件处理插件，能够处理各类RAW格式文件，而不仅限于佳能、尼康数码相机所拍摄的RAW文件，其功能非常强大。

▲ 佳能 DPP 软件界面示意图

▲ 尼康 ViewNX 软件界面示意图

学习视频：NX2 软件学习

学习视频：DPP 软件学习

▲ 大图为 RAW 格式拍摄的原图，两张小图是经过后期调整后的效果，得到冷暖两种画面效果
（焦距：90mm ┊ 光圈：F16 ┊ 快门速度：10s ┊ 感光度：ISO100）

学习视频：ACR 软件学习

2.3 设置色空间（尼康）/色彩空间（佳能）

2.3.1 为用于纸媒介的照片选择色/色彩空间

如果照片用于书籍或杂志印刷，最好选择Adobe RGB色空间（尼康）/色彩空间（佳能），因为它是Adobe 专门为印刷开发的，因此允许的色彩范围更大，包含了很多在显示器上无法显示的颜色，如绿色区域中的一些颜色，这些颜色会使印刷品呈现更细腻的色彩过渡效果。

2.3.2 为用于电子媒介的照片选择色/色彩空间

如果照片用于数码彩扩、屏幕投影展示、电脑显示屏展示等用途，最好选择sRGB色彩空间。

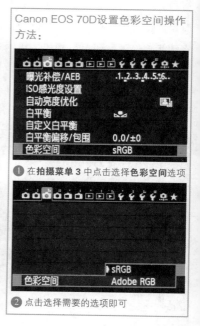

2.4 设置蜂鸣音（尼康）/提示音（佳能）方便确认对焦情况

在拍摄比较细小的物体时，是否正确合焦可能不容易从取景器及显示屏上分辨出来，这时可以开启"蜂鸣音"（尼康）/"提示音"（佳能），以便确认相机合焦后迅速按下快门按钮，从而得到清晰的画面。如果选择"关闭"选项，将不会发出蜂鸣音/提示音。

↑ 拍摄微距画面时，开启蜂鸣声方便提醒是否对焦精确

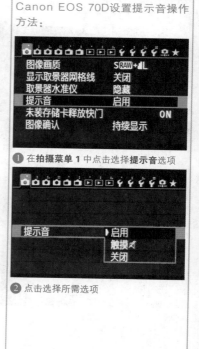

2.5 设置参数防止无存储卡操作

许多初学摄影的爱好者都有过遇到精彩瞬间时,未装存储卡就按下快门的经历,白白浪费了时间和精力。为了防止这种情况的发生,可以通过设置"空插槽时快门释放锁定"(尼康)/"为装存储卡释放快门"(佳能)菜单选项,来设置相机在未安装存储卡时是否允许拍摄。

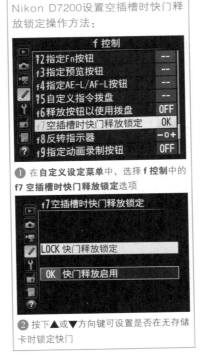

Nikon D7200设置空插槽时快门释放锁定操作方法:

❶ 在**自定义设定菜单**中,选择 **f 控制**中的 **f7 空插槽时快门释放锁定**选项

❷ 按下▲或▼方向键可设置是否在无存储卡时锁定快门

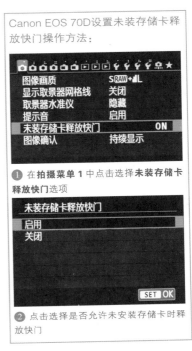

Canon EOS 70D设置未装存储卡释放快门操作方法:

❶ 在**拍摄菜单 1** 中点击选择**未装存储卡释放快门**选项

❷ 点击选择是否允许未安装存储卡时释放快门

2.6 设置自动旋转图像

当使用相机竖拍时,为了方便查看,可以使用"自动旋转图像"(尼康)/"自动选择"(佳能)功能将所拍摄的竖画幅照片旋转为竖直方向显示。

◀ 通过设置自动旋转图像方便拍摄竖构图画面后进行查看

Nikon D7200设置自动旋转图像操作方法:

❶ 选择**设定菜单**中的**自动旋转图像**选项

❷ 按下▲或▼方向键可选择**开启**或**关闭**自动旋转图像功能

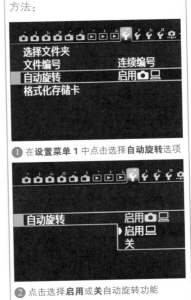

Canon EOS 70D设置自动旋转操作方法:

❶ 在**设置菜单 1** 中点击选择**自动旋转**选项

❷ 点击选择**启用**或**关**自动旋转功能

2.7 清洁图像传感器获得更清晰的照片

数码单反相机的一大优点就是能够更换镜头，但在更换镜头时，相机的感光元件就会暴露在空气中，时间一长，难免会沾上微小的粉尘。从而导致拍摄出来的照片上出现脏点，如果要清洁这些粉尘，可以使用相机菜单中的"清洁影像传感器"（尼康）/"清洁感应器"（佳能）功能。

提示

要获得最好的清洁效果，在清洁感应器时应将相机垂直放在桌子或其他平面物体上。由于重复清洁感应器其效果不是很明显，因此短时间内无需多次重复清洗。在手动清洁感应器时，要耐心细致，以免划伤 CMOS 前面的低通滤镜。

Nikon D7200设置清洁图像传感器操作方法：

❶ 在**设定菜单**中选择**清洁影像传感器**选项

❷ 按下▲或▼方向键选择清洁影像传感器的方式

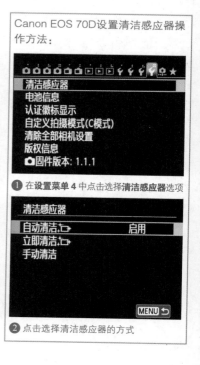

Canon EOS 70D设置清洁感应器操作方法：

❶ 在**设置菜单 4** 中点击选择**清洁感应器**选项

❷ 点击选择清洁感应器的方式

2.8 指定OK（尼康）/SET按钮功能（佳能）

在拍摄照片时，我们可以为OK按钮（尼康）/SET按钮（佳能）指定一个功能，以便进行快速设置，例如佳能相机可以实现许多一键切换的功能，像一键切换单次自动对焦与人工智能伺服自动对焦，当然，用户还可以根据自己的实际需要和操作习惯，对拍摄时SET/OK按钮的功能进行设定。

Nikon D7200设置OK按钮（拍摄模式）操作方法：

❶ 在**自定义设定菜单**中，选择**f 控制**中的 **f1 OK 按钮（拍摄模式）**选项

❷ 按下▲或▼方向键可指定 OK 按钮在不同工作模式下的功能

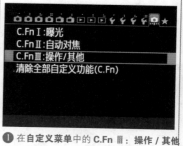

Canon EOS 70D设置分配SET按钮操作方法：

❶ 在**自定义菜单**中的 **C.Fn Ⅲ：操作 / 其他**选项中点击选择**自定义控制按钮**

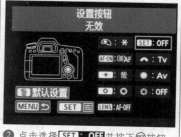

❷ 点击选择 SET：OFF 并按下 SET 按钮，再点击选择 SET 按钮的功能

2.9 显示屏关闭延迟（尼康）/自动关闭电源（佳能）

在寒冷环境中拍摄时，电池的电量下降速度很快，因此需要注意电量水平，此时，为了节省电池的电力，可以在"自动关闭电源"菜单中选择自动关闭电源的时间。如果在指定时间内不操作相机，相机将会自动关闭电源，从而节约电池的电力。

在实际拍摄中，可以将"自动关闭电源"选项设置为2分钟或4分钟，这样既可以保证抓拍的即时性，又可以最大限度地节电。

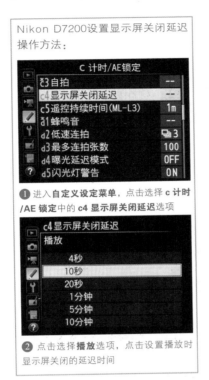

Nikon D7200设置显示屏关闭延迟操作方法：

❶ 进入**自定义设定菜单**，点击选择**c 计时/AE 锁定**中的 **c4 显示屏关闭延迟**选项

❷ 点击选择**播放**选项，点击设置播放时显示屏关闭的延迟时间

Canon EOS 70D设置自动关闭电源操作方法：

❶ 在**设置菜单 2**中点击选择**自动关闭电源**选项

❷ 按下▲或▼方向键可选择不同的自动关闭电源时间

▲ 将"显示屏关闭延迟"功能设为较短的时间，在冰天雪地的环境中拍摄时，可起到省电的作用（焦距：70mm ┊ 光圈：F16 ┊ 快门速度：1/250s ┊ 感光度：ISO100）

2.10 设置"显示网格线"便于使用三分法构图

摄影中常用到三分法构图，这种构图法则一直以来被各种风格的摄影师广泛地使用，因为使用三分法构图可以更好地安排风光摄影中经常出现的水平线条（如地平线、水平线）及垂直线条（如树干的线条、建筑物线条）。

另外，如果在拍摄时将主体放在三分线交点上，可以引导视线更好地注意到主体。为了方便构图，在使用佳能相机时可以通过设置显示网格线，以帮助摄影师在水平或垂直方向上进行构图。

Nikon D7200设置取景器网格显示操作方法：

❶ 进入**自定义设定菜单**，点击选择**d 拍摄/显示**中的 **d7 取景器网格显示**选项

❷ 按下▲或▼方向键可选择**开启**或**关闭**选项

❸ 显示网格时的取景器状态

Canon EOS 70D设置显示取景器网格线操作方法：

❶ 在**拍摄菜单1**中点击选择**显示取景器网格线**选项

❷ 点击选择**启用**或**关闭**选项

❸ 显示网格时的取景器状态

▶ 开启"取景器网格显示"功能，可以利用水平网格线确保画面中的地平线处于水平状态（焦距：24mm ¦ 光圈：F11 ¦ 快门速度：6s ¦ 感光度：ISO100）

2.11 暗角控制（尼康）/周边光量校正（佳能）

使用广角镜头或大光圈镜头在光圈全开的情况下拍摄时，会经常出现照片四周出现暗角的情况。这是由于镜头的镜片结构是圆形的，而成像的图像感应器是矩形的，进入镜头的光线经过遮挡，在图像的四周就会形成暗角。

而利用"暗角控制"（此处以尼康D810为例，D7200无此功能）/"周边光量校正"（佳能）则可以有效地控制或降低暗角的出现。

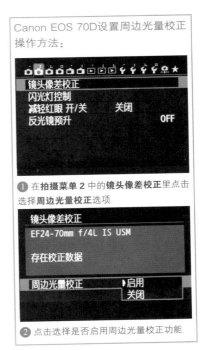

① 在**拍摄菜单**中点击选择**暗角控制**选项

② 按▲或▼方向键选择校正的强度

① 在**拍摄菜单 2** 中的**镜头像差校正**里点击选择**周边光量校正**选项

② 点击选择是否启用周边光量校正功能

提示

如果以 JPEG 格式保存照片，建议选择"启动"，通过校正改善暗角问题；如果以 RAW 格式保存照片，建议选择"关闭"，然后在其他专业照片处理软件中校正此问题。

其实这个功能也有争议，因为，有些摄影爱好者反而比较喜欢照片的暗角效果，有时甚至用软件为照片添加不同的暗角效果。

▲ 使用广角镜头拍摄时，画面的四角很容易出现暗角影响美观

▲ 拍摄时开启了暗角校正，得到的画面中，暗角的现象明显减轻很多（焦距：16mm ┆光圈：F9 ┆快门速度：1/100s ┆感光度：ISO100）

2.12 "高ISO感光度降噪"降低噪点

拍摄时使用的感光度越高，则照片上的噪点也就越多。如果既需要使用高感光度又需要保证画面质量时，则可以启用"高ISO降噪"（尼康）/"高ISO感光度降噪功能"（佳能），来减少画面中的噪点。此功能会在相机内部自动消减照片上的噪点。

但要注意的是，由于相机在消减噪点时，并不能智能判断噪点与图像像素的区别，因此在处理后，有可能导致图像的细节有所损失。

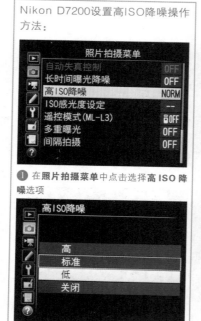

Nikon D7200设置高ISO降噪操作方法：

❶ 在照片拍摄菜单中点击选择高ISO降噪选项

❷ 按下▲或▼方向键可选择不同的噪点消减标准

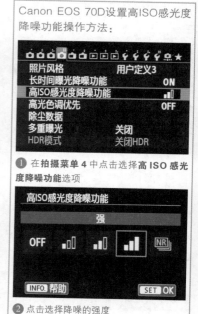

Canon EOS 70D设置高ISO感光度降噪功能操作方法：

❶ 在拍摄菜单4中点击选择高ISO感光度降噪功能选项

❷ 点击选择降噪的强度

▲ 为了提高快门速度，设置高感光度后拍摄室内建筑的画面噪点比较高，开启"高ISO降噪"功能后，画面精细许多（焦距：30mm ┊ 光圈：F9 ┊ 快门速度：1/30s ┊ 感光度：ISO1000）

2.13 开启"长时间曝光降噪"保证画质

在拍摄时,曝光时间的长短与噪点的数量是成正比关系的。换言之,曝光时间越长,照片上的噪点越多,这也是为什么在拍摄夜景时,多数不懂降噪操作的爱好者得到的照片噪点比较多。为了减少长时间曝光时画面中出现的噪点,可以启用长时间曝光降噪功能。

"长时间曝光降噪"(尼康部分机型叫"长时间曝光噪点消减")/"长时间曝光降噪功能"(佳能)开启时,相机自动对快门速度低于1秒(机型不同设置的时间也不同)时所拍摄的照片,进行降噪处理,处理所需时长约等于拍摄时曝光时间。

需要注意的是,在处理过程中,取景器内的 Job nr 字样将会闪烁且无法拍摄照片(若处理完毕前关闭相机,则照片会被保存,但由于相机未完成降噪处理,因此噪点仍然比较多)。

未使用

使用

▲ 由于夜间光线较弱,使用了长时间进行曝光,并开启了长时间曝光降噪功能,得到曝光合适且细腻的夜景画面(焦距:45mm ┊光圈:F8 ┊快门速度:15s ┊感光度:ISO400)

2.14 设定优化校准（尼康）/照片风格（佳能）

优化校准（尼康）/照片风格（佳能）是相机依据不同拍摄题材的特点，对照片进行的一些色彩、锐度及对比度等方面的校正。例如，在拍摄风光题材时，可以选择"风景"优化校准，以得到色彩较为艳丽、锐度和对比度都较高的风光照片。

对于那些喜欢拍摄后直接出片的摄影爱好者而言，使用优化校准/照片风格，可以省去后期操作的过程，虽然灵活度比在后期处理软件中低一些，但也不失为一个方便的选择。

尼康相机提供的优化校准选项基本都包含"标准""自然""鲜艳""单色""人像"和"风景"6个选项。佳能相机菜单中的照片风格基本都包括"自动""标准""人像""风光""中性""可靠设置""单色"等。

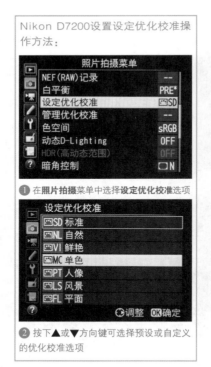

Nikon D7200设置设定优化校准操作方法：

① 在照片拍摄菜单中选择设定优化校准选项

② 按下▲或▼方向键可选择预设或自定义的优化校准选项

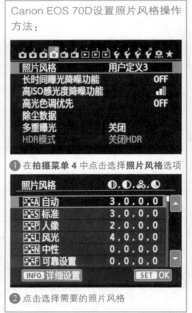

Canon EOS 70D设置照片风格操作方法：

① 在拍摄菜单4中点击选择照片风格选项

② 点击选择需要的照片风格

从选项名称上也可以看出来，两个品牌选项，虽然有些区别，但总体也差不多。因此了解一款相机后，其他相机相关选项的释义，也就不难推测了。

（焦距：200mm 光圈：F3.5 快门速度：1/200s 感光度：ISO100）

▲ 未设置　　▲ 标准风格　　▲ 人像风格　　▲ 中性风格　　▲ 可靠设置风格　　▲ 风光风格　　▲ 单色风格

课后练习与提升

1. RAW格式拍摄的照片有什么优点？

2. 拍摄微距画面时，应该设置哪个菜单功能来提醒摄影师合焦成功？

3. 在相机内没有存储卡的情况下，应如何提醒当前处于无卡操作状态？

4. 竖拍照片的情况下，为便于后期在相机上查看，应开启哪个菜单？

5. 在寒冷的环境中拍摄时，一般将显示屏关闭延迟设为多少，可使相机比较省电？

6. 需要长时间曝光时，应如何设置才能得到精细的画面？

第3章 曝光三要素和拍摄模式

3.1 曝光三要素——光圈

3.1.1 光圈的概念及表示方法

光圈是镜头内部用于控制通光量的装置，通过镜头内的连动装置能够自动调整光圈孔径的大小，进而调整通光量。

为了使用的便利，通常使用光圈系数来表示光圈的大小，如F1.4、F2、F2.8、F4、F5.6、F8、F11、F16、F22等，光圈系数的数值越小，光圈就越大，进光量也越大。

▲ 从镜头的底部可以看到镜头内部的光圈金属薄片

▲ 光圈：F10 ┊ 快门速度：1/50s ┊ 感光度：ISO6400

▲ 光圈：F8 ┊ 快门速度：1/50s ┊ 感光度：ISO6400

▲ 光圈：F7.1 ┊ 快门速度：1/50s ┊ 感光度：ISO6400

▲ 光圈：F5.6 ┊ 快门速度：1/50s ┊ 感光度：ISO6400

▲ 光圈：F4.5 ┊ 快门速度：1/50s ┊ 感光度：ISO6400

▲ 光圈：F4 ┊ 快门速度：1/50s ┊ 感光度：ISO6400

▲ 光圈：F3.5 ┊ 快门速度：1/50s ┊ 感光度：ISO6400

▲ 光圈：F3.2 ┊ 快门速度：1/50s ┊ 感光度：ISO6400

▲ 光圈：F2.8 ┊ 快门速度：1/50s ┊ 感光度：ISO6400

▲ 从这一组示例图可以看出，通过光圈可以控制影像的景深，光圈越小，景深就越大；光圈越大，景深就越小。除此之外，当光圈不断增大时，由于同一曝光时间内进入光圈的光量增加了，因此曝光量在不断增加，画面也随之不断变亮，画面色彩在呈现明显变淡趋势的同时，整个场景的景深也逐渐变小

光圈值用字母F或f表示，如F8、f8（或F/8、f/8）。常见的光圈值有F1.4、F2、F2.8、F4、F5.6、F8、F11、F16、F22、F32、F36等，光圈每递进一挡，光圈口径就不断缩小，通光量也逐挡减半。例如，F5.6光圈的进光量是F8的两倍。

当前我们所见到的光圈数值还包括F1.2、F2.2、F2.5、F6.3等，这些数值不包含在光圈正级数之内，这是因为各镜头厂商都在每级光圈之间插入了1/2倍（F1.2、F1.8、F2.5、F3.5等）和1/3倍（F1.1、F1.2、F1.6、F1.8、F2.2、F2.5、F3.2、F3.5、F4.5、F5.0、F6.3、F7.1等）变化的副级数光圈，以更加精确地控制曝光程度，使画面的曝光更加准确。

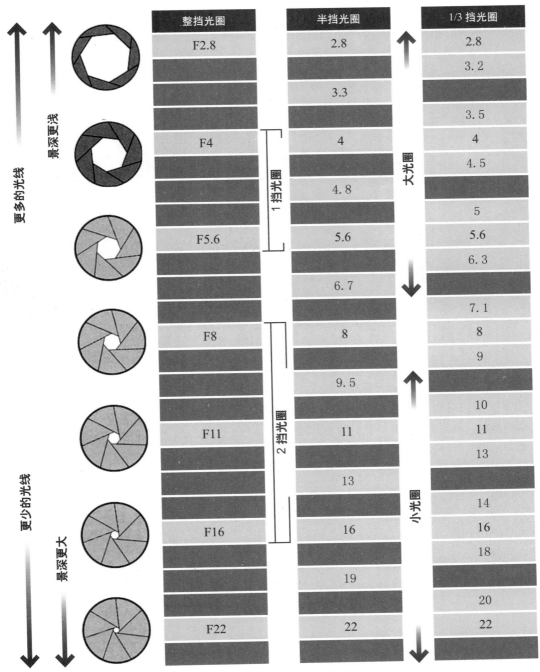

▲ 光圈大小与光圈级数示意图

3.1.2 画质最佳光圈和画质最差光圈

任何一款相机镜头，都有一挡成像质量最佳的光圈，这挡光圈俗称"最佳光圈"。通常，将镜头的最大光圈收缩2挡或3挡即为最佳光圈。而随着光圈逐级缩小，受到光线衍射效应的影响，画面的品质也会逐渐降低。

在拍摄人像或商业静物题材时，应该尽量使用画质最佳的光圈进行拍摄。

如上所述，在拍摄时如果使用的镜头光圈较小，则由于受到衍射效应影响，画质将变差。要理解这一点，首先必须明白什么是衍射效应。

▲ 商业题材对画质的要求较高，因此在拍摄时需注意光圈的设置（焦距：55mm ┊ 光圈：F8 ┊ 快门速度：1/500s ┊ 感光度：ISO100）

▲ 拍摄风光时不要为了得到大场景而将光圈设置到最小，应稍微放大一两挡，确保画质细腻（焦距：21mm ┊ 光圈：F9 ┊ 快门速度：1/800s ┊ 感光度：ISO200）

衍射就是指当光线穿过镜头光圈时，光在传播的过程中发生方向弯曲的现象。光线所通过的孔隙（光圈）越小，光的波长越长，这种现象就越明显。因此，拍摄时所用光圈越小，到达相机感光元件的衍射光占比就越大，画面细节损失就越多，画质就越差。

因此，在拍摄时要避免使用过小的光圈。

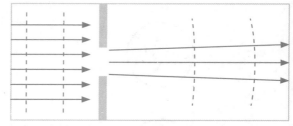

▲ 大光圈：只有边缘的光线发生了弯曲

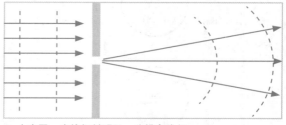

▲ 小光圈：光线衍射明显，分辨率降低

3.1.3 理解可用最大光圈

虽然光圈数值是在相机上设置的，但其可调整的范围却是由镜头决定的，即镜头支持的最大及最小光圈，就是在相机上可以设置光圈的上限和下限。

在右侧展示的 3 款镜头中，佳能 EF 85mm F1.2 L Ⅱ USM 是定焦镜头，其最大光圈为 F1.2（尼康 AF-S 85mm F1.4G ED IF N 是定焦镜头，其最大光圈为 F1.4）；佳能 EF 16-35mm F2.8 L Ⅱ USM（尼康 AF-S 24-70mm F2.8 G ED）为恒定光圈的变焦镜头，无论使用哪一个焦距段进行拍摄，其最大光圈都只能够达到 F2.8；佳能 EF 28-300mm F3.5-5.6 L IS USM 是浮动光圈的变焦镜头，当使用镜头的广角端（28mm）拍摄时，最大光圈可以达到 F3.5，而当使用镜头的长焦端（300mm）拍摄时，最大光圈只能够达到 F5.6。

尼康 AF-S 18-200mm F3.5-5.6G ED VR Ⅱ 是浮动光圈的变焦镜头，当使用镜头的广角端（18mm）拍摄时，最大光圈可以达到 F3.5，而当使用镜头的长焦端（200mm）拍摄时，最大光圈只能够达到 F5.6。

同样，上述 3 款镜头也均有最小光圈值，例如，佳能 EF 16-35mm F2.8 L Ⅱ USM（尼康 AF-S 尼克尔 24-70mm F2.8 G ED）的最小光圈为 F22，佳能 EF 28-300mm F3.5-5.6 L IS USM 的最小光圈同样是一个浮动范围（F22~F38），而对于尼康 AF-S 18-200mm F3.5-5.6G ED VR Ⅱ 的最小光圈同样是一个浮动范围（F22~F36）。

▲ 佳能 EF 16-35mm F2.8 L Ⅱ USM

▲ 佳能 EF 85mm F1.2 L Ⅱ USM

▲ 佳能 EF 28-300mm F3.5-5.6 L IS USM 广角端 28mm 的最大光圈为 F3.5，长焦端 300mm 的最大光圈为 F5.6

▲ 尼康 AF-S 尼克尔 24-70mm F2.8 G ED

▲ 尼康 AF-S 85mm F1.4G ED IF N

▲ 尼康 AF-S 18-200mm F3.5-5.6G ED VR Ⅱ 广角端 18mm 的最大光圈为 F3.5，长焦端 200mm 的最大光圈为 F5.6

▲ 使用大光圈虚化背景以突出人物，是拍摄人像时最常用的手法，采用此方法可使模特在杂乱的环境中突出（焦距：85mm ┊ 光圈：F2.5 ┊ 快门速度：1/100s ┊ 感光度：ISO200）

3.1.4 了解景深

当摄影师将镜头对焦于景物的某个点并拍摄后，在照片中与该点处于同一水平面的景物都是清晰的，而位于该点前方和后方的景物则由于都没有对焦，因此是模糊的。由于人眼不能精确地辨别焦点前方和后方出现的轻微模糊，因此这部分图像看上去仍然是清晰的，这种清晰的景物会一直在照片中向前、向后延伸，直至景物看上去变得模糊而不可接受，这个可接受的清晰范围就是景深。

简单来说，景深即指对焦位置前后的清晰范围。清晰范围越大，表示景深越大；反之，清晰范围越小，表示景深越小。

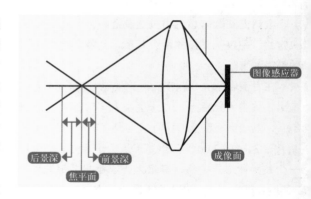

3.1.5 焦平面

焦平面是指合焦点所在的平面（此平面平行于相机的感光元件），在整个画面中位于焦平面所在的景物是最清晰的。重构图时只能左右上下移动，不可前后移动的原因，正是因为前后移动会改变焦平面的位置，导致原本合焦处的景物变得不清晰。

当摄影师将镜头对焦于某个点进行拍摄时，在照片中与该点处于同一平面（此平面平行于相机的感光元件）的景物都是清晰的，而位于该点前方和后方的景物则都是模糊的，这个平面就是成像焦平面。

如果摄影师的相机位置不变，当被摄对象在可视区域内的焦平面上水平运动时，成像始终是清晰的；但如果其向前或向后移动，则由于脱离了成像焦平面，会出现一定程度的模糊，模糊的程度与距焦平面的距离成正比。

▲ 合焦点在中间的玩偶上，但由于另外两个玩偶与其在同一焦平面上，因此三个玩偶均是清晰的

▲ 合焦点仍然在中间的玩偶上，但由于另外两个玩偶与其不在同一焦平面上，因此另外两个玩偶均是模糊的

3.1.6 影响景深大小的四个因素

1.光圈

光圈是控制景深（背景虚化程度）的重要因素。在其他条件不变的情况下，光圈越大景深越小，反之光圈越小景深越大。通过调整光圈数值的大小，即可拍摄不同的对象或表现不同的主题。例如，大光圈主要用于人像摄影、微距摄影，通过模糊背景来有效地突出主体；小光圈主要用于风景摄影、建筑摄影、纪实摄影等，大景深让画面中的所有景物都能清晰再现。

▲ 焦距：100mm ｜光圈：F3.2 ｜快门速度：1/125s ｜感光度：ISO640

▲ 焦距：100mm ｜光圈：F4.5 ｜快门速度：1/80s ｜感光度：ISO640

▲ 焦距：100mm ｜光圈：F6.3 ｜快门速度：1/40s ｜感光度：ISO640

▲ 焦距：100mm ｜光圈：F9 ｜快门速度：1/20s ｜感光度：ISO640

从上面展示的一组照片中可以看出，当光圈从F3.2变化到F9时，画面的景深也渐渐变大，使用大光圈拍摄时模糊的部分会变得越来越清晰。

2.镜头焦距

在其他条件相同的情况下，拍摄时使用的焦距越长，则画面的景深越浅，即可以得到更明显的虚化效果；反之，焦距越短越广，则画面的景深越大，越容易呈现前后景都清晰的画面效果。但需要注意的是焦距越短，视角越广，画面的透视变形效果也越明显，而且越靠近画面的边缘的图像，变形越明显，因此在构图时要特别注意这一点，例如，在拍摄人像时，应尽可能将肢体置于画面的中间位置，特别是人物的面部。

▲ 焦距：70mm ｜光圈：F2.8 ｜快门速度：1/200s ｜感光度：ISO100

▲ 焦距：95mm ｜光圈：F2.8 ｜快门速度：1/200s ｜感光度：ISO100

▲ 焦距：125mm ｜光圈：F2.8 ｜快门速度：1/200s ｜感光度：ISO100

▲ 焦距：200mm ｜光圈：F2.8 ｜快门速度：1/200s ｜感光度：ISO100

从上面展示的一组照片中可以看出，当焦距从70mm变化到200mm时，画面的景深也渐渐变小，背景的虚化程度越来越明显。

3.背景距离

在其他条件不变的情况下,画面中的背景与拍摄对象的距离越远,则越容易得到浅景深的虚化效果;反之,如果画面中的背景与拍摄对象位于同一对焦平面上,或者非常靠近,则不容易得到虚化效果。

从右侧展示的一组照片中可以看出,当被摄主体距离背景越来越近时,画面的景深也渐渐变大,原本模糊的背景变得越来越清晰。

▲ 焦距:100mm ｜光圈:F3.2 ｜快门速度:1/60s ｜感光度:ISO800

▲ 焦距:100mm ｜光圈:F3.2 ｜快门速度:1/60s ｜感光度:ISO800

▲ 焦距:100mm ｜光圈:F3.2 ｜快门速度:1/60s ｜感光度:ISO800

▲ 焦距:100mm ｜光圈:F3.2 ｜快门速度:1/60s ｜感光度:ISO800

4.物距

在其他条件不变的情况下,拍摄者与被摄对象之间的距离越近,则越容易得到浅景深的虚化效果;反之,如果拍摄者与被摄对象之间的距离较远,则不容易得到虚化效果。这点在使用微距镜头拍摄时体现得尤其明显,当离被摄体很近的时候,画面中的清晰范围就变得非常浅。

从右侧展示的一组照片中可以看出,使用定焦微距镜拍摄时,在拍摄参数不变的情况下,越靠近玩偶,背景的虚化效果越显著。

▲ 焦距:100mm ｜光圈:F3.2 ｜快门速度:1/60s ｜感光度:ISO800

▲ 焦距:100mm ｜光圈:F3.2 ｜快门速度:1/60s ｜感光度:ISO800

▲ 焦距:100mm ｜光圈:F3.2 ｜快门速度:1/60s ｜感光度:ISO800

▲ 焦距:100mm ｜光圈:F3.2 ｜快门速度:1/60s ｜感光度:ISO800

3.2 曝光三要素——快门

3.2.1 快门的概念及表示方法

快门的作用是控制曝光时间的长短，在按动快门按钮时，从快门前帘开始移动到后帘结束所用的时间就是快门速度，其单位为秒（s）。例如，如果快门速度为1s，则意味着整个曝光过程将持续1秒。

入门级及中端数码单反相机的快门速度通常在1/4000s至30s之间，而高端相机的最高快门速度达到了1/8000s，已经可以满足几乎所有题材的拍摄要求。

常见的快门速度有30s、15s、8s、4s、2s、1s、1/2s、1/4s、1/8s、1/15s、1/30s、1/60s、1/125s、1/250s、1/500s、1/1000s、1/2000s、1/4000s、1/8000s等。

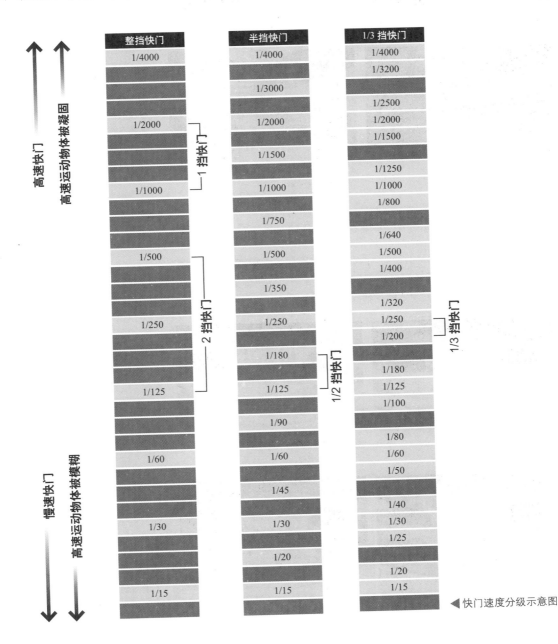

◀快门速度分级示意图

3.2.2 快门速度对曝光量的影响

快门速度决定曝光时间的长短，快门速度越快，则曝光时间越短，曝光量越少，照片也越暗；快门速度越慢，则曝光时间越长，曝光量就越多，照片也越亮。

学习视频：365 拍摄计划

▲ 光圈：F2.8 ┊ 快门速度：1/80s ┊ 感光度：ISO2500

▲ 光圈：F2.8 ┊ 快门速度：1/40s ┊ 感光度：ISO2500

▲ 光圈：F2.8 ┊ 快门速度：1/25s ┊ 感光度：ISO2500

▲ 光圈：F2.8 ┊ 快门速度：1/15s ┊ 感光度：ISO2500

◀ 从这一组示例图可以看出来，当快门速度不断降低时，由于曝光时间变长，因此曝光量不断增加，画面也随之不断变亮，而画面的色彩也呈现明显的变淡趋势

3.2.3 快门速度对运动模糊效果的影响

拍摄运动物体时，快门速度越低，被摄对象在画面中的运动模糊效果越强烈。反之，快门速度越高，越能够清晰地定格运动物体的瞬间状态，如果被摄对象的运动趋势不明显，则会被误判为静止状态。

▲ 光圈：F16 ┊ 快门速度：1/3s ┊ 感光度：ISO100

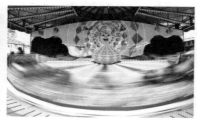

▲ 光圈：F7.1 ┊ 快门速度：1/8s ┊ 感光度：ISO100

▲ 光圈：F4.5 ┊ 快门速度：1/20s ┊ 感光度：ISO100

▲ 光圈：F2.8 ┊ 快门速度：1/50s ┊ 感光度：ISO100

◀ 从这一组示例图可以看出来，随着快门速度不断提高，画面的动感模糊效果不断减弱，运动对象也逐渐清晰

3.2.4 安全快门的概念及换算

简单来说，安全快门是人在手持拍摄时能保证画面清晰的最低快门速度。这个快门速度与镜头的焦距有很大关系，即手持相机拍摄时，快门速度应不低于焦距的倒数。

比如当前焦距为200mm，拍摄时的快门速度应不低于1/200s。这是因为人在手持相机拍摄时，即使被摄对象呆在原处纹丝未动，也会因为拍摄者本身的抖动而导致画面模糊。

这种换算是针对全画幅相机而言的，如果是类似于Canon EOS 70D 的APS-C画幅相机（Nikon D7200为DX画幅23.5×15.6mm）需要一个等效焦距，佳能APS-C画幅相机的焦距换算系数为1.6（尼康DX画幅相机的焦距换算系数为1.5）。

因此，如果镜头焦距为200mm；在Canon EOS 70D上时，其焦距就变为了320mm（Nikon D7200上时，焦距为300mm）。

当然，安全快门的计算只是一个参考值，它与个人的臂力、天气环境、是否有依靠物等因素都有关系，因此可以根据实际情况进行适当的增减。

◀虽然是拍摄静态的花卉，但由于光线较弱，致使快门速度低于焦距的倒数，所以拍摄出来的花朵是比较模糊的

▲拍摄时提高了感光度数值，因此能够使用更高的快门速度，从而确保拍摄出来的照片很清晰（上图 焦距：200mm ┊ 光圈：F2.8 ┊ 快门速度：1/100s ┊ 感光度：ISO100）（下图 焦距：200mm ┊ 光圈：F2.8 ┊ 快门速度：1/400s ┊ 感光度：ISO400）

如果只是查看缩略图，两张照片之间几乎没有什么区别，但放大后查看照片的细节可以发现，当快门速度高于安全快门时，即使在相同的弱光条件下手持拍摄，也可将花卉拍得很清晰。

3.3 曝光三要素——感光度

3.3.1 感光度的概念

数码单反相机的感光度概念是从传统胶片感光度引入的，是指用一个具体的感光度数值来表示感光元件对光线的敏锐程度，即在其他条件相同的情况下，感光度数值越高，单位时间内，相机的感光元件感光越充分。

但要注意的是，感光度越高，产生的噪点就越多；低感光度画面则清晰、细腻，细节表现较好。

▲焦距：35mm ┆光圈：F2.8 ┆快门速度：1/15s ┆感光度：ISO4000

▲焦距：35mm ┆光圈：F2.8 ┆快门速度：1/15s ┆感光度：ISO3200

▲焦距：35mm ┆光圈：F2.8 ┆快门速度：1/15s ┆感光度：ISO2500

▲焦距：35mm ┆光圈：F2.8 ┆快门速度：1/15s ┆感光度：ISO2000

▲焦距：35mm ┆光圈：F2.8 ┆快门速度：1/15s ┆感光度：ISO1600

▲焦距：35mm ┆光圈：F2.8 ┆快门速度：1/15s ┆感光度：ISO1250

▲焦距：35mm ┆光圈：F2.8 ┆快门速度：1/15s ┆感光度：ISO1000

▲焦距：35mm ┆光圈：F2.8 ┆快门速度：1/15s ┆感光度：ISO800

▲焦距：35mm ┆光圈：F2.8 ┆快门速度：1/15s ┆感光度：ISO640

上面展示的一组照片，是其他曝光因素不变的情况下，改变ISO数值的拍摄效果，可以看出来由于感光元件的敏感度提高，相同曝光时间内，使用高ISO拍摄时，曝光更加充分，因此画面显得更明亮。

3.3.2 高低感光度的优缺点分析

高低不同的 ISO 感光度有各自的优点和缺点。在实际拍摄中会发现,没有哪个级别的感光度是可以适合每一种拍摄状况的。所以,如果一开始便知道在什么情况下应该使用哪个级别的 ISO(低、中、高),就能最大限度地发挥相机性能,拍出好照片。

1.低ISO(ISO50-200)

优点及适用题材:使用低感光度可以获得质量很高的影像,照片的噪点很少。因此,如果追求高质量影像,应该使用低感光度。使用低感光度会延长曝光时间,即降低快门速度。在拍摄需要有动感模糊效果的丝滑的水流、流动的云彩时,通常要用低感光度降低快门速度,获得较好地动感效果。

缺点及不适用题材:在拍摄弱光环境下手持相机进行拍摄时,如果使用低感光度会造成画面模糊。因为,在此情况下曝光时间必然会被延长,而在这段曝光时间内,除非摄影师具有超常平衡能力,否则,就会因为其手部或身体的轻微抖动,导致拍摄瞬间相机脱焦,换言之,拍摄出来的照片必然是模糊的。

▲ 在拍摄日落景象时为了得到精细的画质而设置了较低的感光度,画面中可看出天空丰富的色彩和细腻的层次,将夕阳余晖的大气表现得很好(焦距:14mm ┆ 光圈:F22 ┆ 快门速度:3s ┆ 感光度:ISO100)

2.高ISO(ISO500以上)

优点及适用题材:高感光度适用于在弱光下手持相机拍摄,与前面讲述过的情况相反,由于高感光度缩短了曝光时间,因此,降低了由于摄影师抖动导致照片模糊的可能性。另外,也适用于需要较高快门速度,来定格快速移动主体的题材,例如飞鸟、运动员等。此外,可以使用高ISO为照片增加噪点的特性,来增添照片的胶片感、厚重感,或被拍摄对象的粗糙感。

缺点及不适用题材:ISO越高,噪点越多,影像的清晰度越差,影像之间的过渡越不自然,因此不适用于拍摄高调风格照片及追求高画质的题材,如雪景、云雾、人像。

3.4 拍摄模式

不同的拍摄模式有不同的特点，可根据自己的需求选择拍摄模式。通常全自动模式属于最基本的拍摄模式，而情景模式是针对不同的题材，相机做出相应的设置，高级拍摄模式则可根据需求拍出个性化的画面效果。

3.4.1 基本模式——全自动模式

全自动模式 （佳能）/（尼康：AUTO模式）是相机全自动模式，很多参数命令都只能由相机根据当前的环境自动调整，此模式比较便捷，不用调节任何参数直接可以拍摄曝光正常的照片。在恰当的环境下，也能够拍摄出不错的照片。

▲ 通过倾斜相机的角度，将房角一律表现为朝上倾斜，很新鲜的视觉角度，像这类不需要太高技术含量的拍摄方式，使用全自动模式拍摄即可（焦距：50mm ┆ 光圈：F10 ┆ 快门速度：1/500s ┆ 感光度：ISO320）

3.4.2 基本模式——全自动（禁用闪光灯）模式

全自动模式在弱光环境下会自动弹出闪光灯进行补光，如果受环境制约不能使用闪光灯时（如美术馆、海洋馆），则可以切换至全自动（禁用闪光灯）模式 （佳能）/（尼康）。但由于光线不足，拍摄时很容易因为相机的抖动而导致成像模糊，所以最好能使用三脚架拍摄。

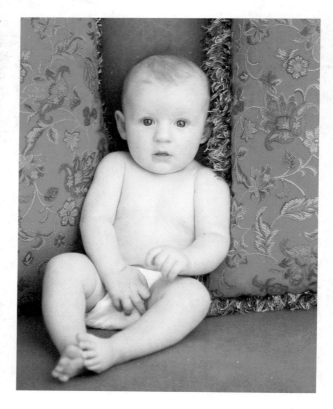

▶ 拍摄孩子时应关闭闪光灯以免伤害到孩子娇嫩的眼睛，此时可使用全自动的禁用闪光灯模式（焦距：50mm ┆ 光圈：F10 ┆ 快门速度：1/200s ┆ 感光度：ISO320）

3.4.3 场景模式——人像模式

人像模式 🐾（佳能）/ 👤（尼康）用于拍摄具有柔和、自然肤质感的人像，相机将选择最近主体对焦。如果拍摄对象远离背景或使用了远摄镜头，背景细节将被柔化，以给出层次上的和谐，光线不足的时候会自动弹起闪光灯。

学习视频：技与道同样重要

▶ 此图选用人像模式拍摄的，相机会自动选择较大光圈以虚化背景，同时也会对皮肤色彩进行优化、处理（焦距：190mm｜光圈：F4｜快门速度：1/250s｜感光度：ISO200）

3.4.4 场景模式——风光模式

风光模式 🏔（佳能）/ 🏞（尼康：风景模式）用于拍摄生动的风景画面，相机将选择最近主体对焦，自动对焦辅助照明灯和内置闪光灯将自动关闭。

▶ 采用风光模式拍摄，相机会自动选择较小的光圈，以得到大景深的画面（焦距：32mm｜光圈：F16｜快门速度：1/80s｜感光度：ISO400）

3.4.5 场景模式——微距模式

微距模式❀（佳能）/❀（尼康：近摄模式）适合在相机安装了微距镜头的情况下使用（否则无法细致入微地拍摄到对象细节）。此时，相机会自动使用较小的光圈，以配合微距镜头拥有超浅景深的特性，获得较好的虚化效果，应避免使用过大的光圈，否则会导致虚化过强，甚至会影响对主体的表现。

▶ 使用微距模式拍摄微距题材，可以拍到小景深，视觉效果强烈的画面（焦距：60mm ┊ 光圈：F9 ┊ 快门速度：1/100s ┊ 感光度：ISO100）

3.4.6 场景模式——夜景人像模式

虽然名为夜间人像模式🌃（佳能）/🌃（尼康：夜间人像模式），但实际上，只要是在光线比较暗的情况下拍摄人像，都可以使用此模式。选择此模式后，相机会自动打开内置闪光灯，以保证人物获得充分的曝光，同时，该模式兼顾了人物以外的环境，即开启慢速闪光同步功能，在闪光灯照亮人物的同时，慢速快门使画面的背景也能获得充足的曝光。

▶ 在拍摄夜景人像的时候，使用了夜景人像模式，所以拍出的人像很清晰，而背景中彩色的光斑也丰富了画面（焦距：85mm ┊ 光圈：F1.8 ┊ 快门速度：1/250s ┊ 感光度：ISO200）

3.4.7 高级拍摄模式——程序自动曝光模式（P）

程序自动模式 P 被称为"万能"的拍摄模式，通常表示为 P。与全自动模式不同的是，它可以设置光圈与快门速度以外的所有参数，而且在测光得到一个曝光组合后，还可以转动主拨盘，选择相同曝光下其他光圈与快门速度的组合，以适应不同的拍摄需求。

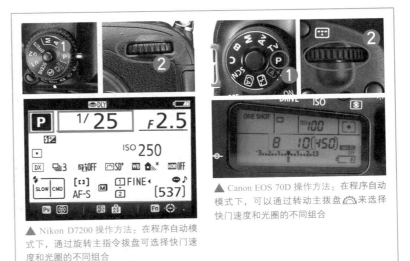

▲ Nikon D7200 操作方法：在程序自动模式下，通过旋转主指令拨盘可选择快门速度和光圈的不同组合

▲ Canon EOS 70D 操作方法：在程序自动模式下，可以通过转动主拨盘 来选择快门速度和光圈的不同组合

▲ P 挡适用于大多数的题材，当拍摄者不能确定拍摄参数的时候，使用这个模式是最快捷的，相机会根据当时的环境，自动设定拍摄参数，而通过拨动主拨盘，还可以调整不同的光圈与快门速度的组合，适应不同的拍摄环境（焦距：50mm｜光圈：F1.8｜快门速度：1/250s｜感光度：ISO200）

3.4.8 高级拍摄模式——光圈优先曝光模式（A/Av）

在光圈优先曝光模式下，相机将会根据当前设置的光圈值自动计算出合适的快门速度。使用光圈优先曝光模式可以控制画面的景深，在同样的拍摄距离下，光圈越大，景深越小，即拍摄对象（对焦的位置）前景、背景的虚化效果就越好；反之，光圈越小，则景深越大，即拍摄对象前景、背景的清晰度越高。

当光圈过大而导致快门速度超出了相机的极限时，如果仍然希望保持该光圈，可以尝试降低ISO感光度的数值，或使用中灰滤镜降低光线进入量。

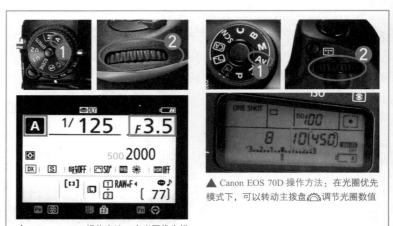

▲ Nikon D7200 操作方法：在光圈优先模式下，可以转动副指令拨盘调整光圈值

▲ Canon EOS 70D 操作方法：在光圈优先模式下，可以转动主拨盘调节光圈数值

▲ 设置 F11 的光圈并配合 16mm 的超广角镜头，可拍摄出景深非常大的画面（焦距：16mm ┊ 光圈：F11 ┊ 快门速度：20s ┊ 感光度：ISO100）

3.4.9 高级拍摄模式——快门优先曝光模式（S/Tv）

在快门优先曝光模式下，摄影师可以指定一个快门速度，相机会自动计算光圈的大小，以获得正常的曝光。较高的快门速度可以凝固动作或者移动的主体；较慢的快门速度可以产生模糊效果，从而产生动感。

在拍摄时，快门速度需要根据拍摄对象的运动速度及照片的表现形式（即凝固瞬间的清晰还是带有动感的模糊）来决定。

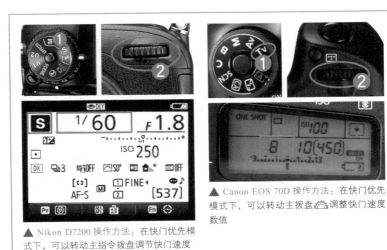

▲ Nikon D7200 操作方法：在快门优先模式下，可以转动主指令拨盘调节快门速度

▲ Canon EOS 70D 操作方法：在快门优先模式下，可以转动主拨盘 📷 调整快门速度数值

▲ 快门优先模式很适合拍摄运动的题材，画面中水鸟的动作被清晰的定格下来（焦距：320mm｜光圈：F6.3｜快门速度：1/1250s｜感光度：ISO640）

3.4.10 高级拍摄模式——手动曝光模式（M）

手动模式表示为M，它是专业摄影师最喜爱的模式，在拍摄前已经计算好光圈快门组合，并提前设定余项中的组合值。M挡主要用于舞台摄影、广告摄影、静物摄影等各方面要求较高的摄影。

使用M挡拍摄的优点在于，当摄影师设置好恰当的光圈、快门数值后，即使移动镜头进行再次构图，光圈与快门数值也不会发生变化，这一点不像其他曝光模式，在测光后需要进行曝光锁定才可以进行再次构图。

另外，在其他曝光模式下拍摄时，往往需要根据场景的亮度，在测光后进行曝光补偿的操作。而在M挡手动模式下，由于光圈与快门值都是由摄影师来设定的，因此在设定的同时可以将曝光补偿考虑在内，从而省略了曝光补偿的设置操作过程。

▲ Canon EOS 70D 操作方法：在手动拍摄模式下，转动主拨盘 可以调节快门速度值，转动速控转盘 可以调节光圈值

▲ Nikon D7200 操作方法：在手动拍摄模式下，旋转主指令拨盘可调整快门速度值；旋转副指令拨盘可调整光圈值

▲ 室内拍摄人像时，由于光线较稳定，因此可根据自己的拍摄需求随意设定光圈和快门，使用 M 模式会比较方便（焦距：50mm ｜ 光圈：F6.3 ｜ 快门速度：1/250s ｜ 感光度：ISO100）

在使用M模式拍摄时,为避免出现曝光不足或曝光过度的问题,佳能/尼康单反相机提供了提醒功能,即在曝光不足或曝光过度时,可通过观察液晶监视器(尼康相机为显示屏)和取景器中的曝光量指示标尺的情况来判断是否需要修改当前的曝光参数组合,以及应该如何修改当前的曝光参数组合。

判断的依据就是当前曝光量标志游标的位置,当其位于标准曝光量标志的位置时,就能获得相对准确的曝光,可以通过改变光圈或快门速度,来左右移动当前曝光量标志。

需要特别指出的是,如果希望拍出曝光不足的低调照片或曝光过度的高调照片,则需要通过调整光圈与快门速度,使当前曝光量游标处于正常曝光量标志的左侧或右侧,标志越向左侧偏移,曝光不足程度越高;反之,如果当前曝光量标志在正常曝光量标志的右侧,则当前照片处于曝光过度状态,且标志越向右侧偏移,曝光过度程度越高。

下面以使用不同曝光参数拍摄花朵为例,展示了画面欠曝、正常、过曝时,佳能相机(上排)与尼康相机(下排)的屏幕显示状态。

Canon EOS 70D 监视器显示

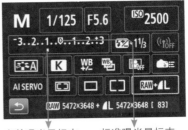

当前曝光量标志　　标准曝光量标志

Nikon D7200 显示屏显示

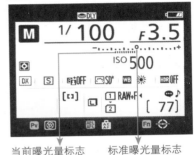

当前曝光量标志　　标准曝光量标志

▲ 当曝光量标志位于标准曝光量标志的位置时,能获得相对准确的曝光

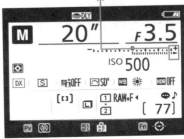

▲ 当前曝光标志在标准曝光的左侧时,表示当前画面曝光不足,因此,画面较为灰暗

▲ 当前曝光标志在标准曝光位置处,表示当前画面曝光标准,画面明暗均匀

▲ 当前曝光标志在标准曝光的右侧时,表示当前画面曝光过度,因此,画面较为明亮

3.4.11 高级拍摄模式——B门曝光模式

B门是一种特殊的曝光模式,当使用B门模式曝光时,曝光时间由摄影师自定,即设为B门后,持续地完全按下快门按钮时,快门保持打开,松开快门按钮时,快门关闭,完成整个曝光过程,因此曝光的时间取决于快门按钮被按下与被释放的中间过程。此曝光模式经常用于拍摄夜景、光绘、天体、焰火等需要长时间并手动控制曝光时间的题材,为避免画面模糊,使用B门模式拍摄时,应该使用三脚架及遥控快门线。

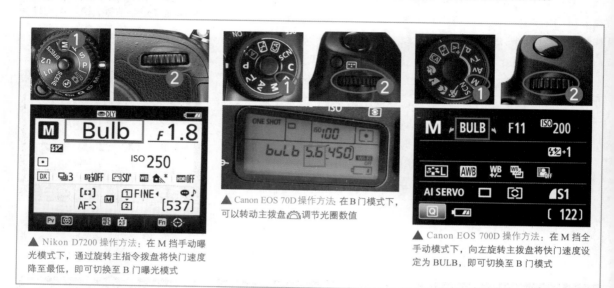

▲ Nikon D7200 操作方法:在 M 挡手动曝光模式下,通过旋转主指令拨盘将快门速度降至最低,即可切换至 B 门曝光模式

▲ Canon EOS 70D 操作方法:在 B 门模式下,可以转动主拨盘调节光圈数值

▲ Canon EOS 700D 操作方法:在 M 挡全手动模式下,向左旋转主拨盘将快门速度设定为 BULB,即可切换至 B 门模式

◀ 使用 B 门模式经过长时间曝光得到的星轨画面(焦距:30mm ┊ 光圈:F9 ┊ 快门速度:2153s ┊ 感光度:ISO800)

使用佳能低端入门相机设置B模式时,需在快门速度降到30s后,继续向左旋转指令拨盘即可切换至B门,此时屏幕中显示为 buLb。使用佳能中高端相机设置B模式时,直接旋转拨盘,即可选择B门曝光模式。设置为B门后,持续地完全按下快门按钮时快门保持打开,松开快门按钮时快门关闭。

而尼康相机设置B模式都一样,只需在M模式下将快门速度降至最低即可。

课后练习与提升

1. 要想得到漂亮的烟花画面，应设置哪种曝光模式？

2. 如何设置得到最佳光圈？

3. 如何判断曝光状况？

4. 下面两张照片哪张是大景深，哪张是小景深？

第4章 数码单反相机的镜头

4.1 镜头焦距与视角的关系

每款镜头都有其固有的焦距,焦距不同,拍摄视角和拍摄范围也不同,而且不同焦距下的透视、景深等特性也有很大的区别。例如,使用广角镜头的14mm焦距拍摄时,其视角能够达到114°;而如果使用长焦镜头的200mm焦距拍摄时,其视角只有12°。不同焦距镜头对应的视角如下图所示。

由于不同焦距镜头的视角不同,因此,不同焦距镜头适用的拍摄题材也有所不同,比如焦距短、视角宽的镜头常用于拍摄风光;而焦距长、视角窄的镜头常用于拍摄体育比赛、鸟类等位于远处的对象。

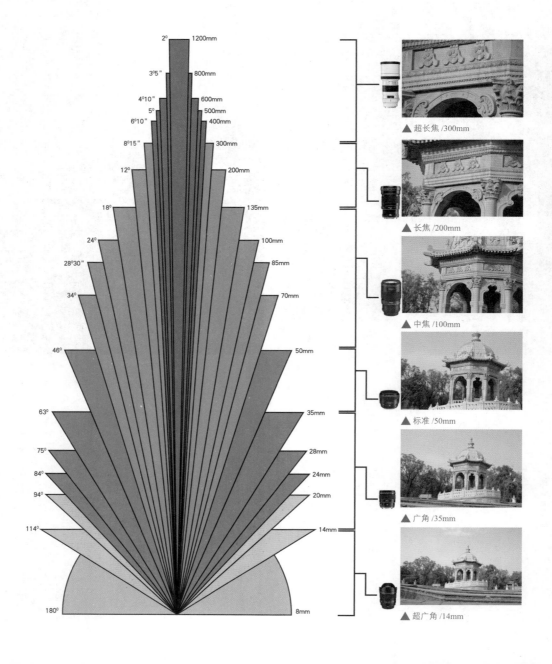

4.2 变焦镜头与定焦镜头

4.2.1 定焦镜头

定焦镜头拥有一个固定的焦距，如50mm、100mm、180mm、200mm。其特点是光学结构简单、最大光圈较大、成像质量优异等，其缺点就是由于焦距不可调节，机动性较差，不利于拍摄时进行灵活的构图。定焦镜头的品质通常不错，这也印证了"定焦无弱旅"这句俗话。

例如，尼康AF 50mm F1.8D、佳能EF 85mm F1.8 USM、腾龙SP AF 90mm F/2.8 Di MACRO就是常用的定焦镜头。

▲ 定焦镜头尼康 AF 50mm F1.8D

◀ 定焦镜头有着极其优异的成像质量（焦距：50mm ┊ 光圈：F16 ┊ 快门速度：1/400s ┊ 感光度：ISO100）

4.2.2 变焦镜头

变焦镜头拥有一定的焦距范围，因此可以在此范围内进行调节，以便于进行构图。其优点是机动性高，一只镜头可以覆盖多只定焦镜头的焦距，因此性价比更高。同样，其缺点也是非常明显的，即由于光学结构更为复杂，因此在最大光圈上仅能达到F2.8，远少于定焦镜头常见的F1.8、F1.4甚至F1.2等，而且在成像质量上也逊于定焦镜头。

例如，尼康AF-S 尼克尔 24-70mm F2.8 G ED、佳能EF 24-105mm F4L IS USM、腾龙AF18-200mm F/3.5-6.3 XR DiⅡLD ASPHERICAL (IF) MACRO就是常用的变焦镜头。

▲ 变焦镜头佳能 EF 24-105mm F4L IS USM

▲ 利用变焦镜头不仅可营造出不同构图的画面效果，也很好的表现出了建筑个角度的特色

4.3 恒定光圈镜头与浮动光圈镜头

4.3.1 恒定光圈镜头

恒定光圈,即指在镜头的任何焦段下都拥有相同的光圈,对于定焦镜头而言,其焦距是固定的,光圈也是恒定的,因此,恒定光圈对于变焦镜头的意义更为重要。如尼康镜皇之一的AF-S 24-70mm F2.8 G(佳能EF 24-70mm F2.8L USM)就是拥有恒定F2.8的大光圈,可以在24～70mm之间的任意一个焦距下拥有F2.8的大光圈,以保证充足的进光量,获得更好的虚化效果。

▲ 恒定光圈的镜头无论哪个焦段都可以设置最大光圈,这样方便在任何焦段都可以拍摄小景深的画面(焦距:100mm┊光圈:F2.8┊快门速度:1/320s┊感光度:ISO100)

▲ 恒定光圈镜头尼康 AF-S 24-120mm F4G ED VR

▲ 恒定光圈镜头佳能 EF 24-70mm F2.8 L USM

4.3.2 浮动光圈镜头

浮动光圈,是指光圈会随着焦距的变化而改变,例如尼康镜头AF-S 18-105mm F3.5-5.6G,当焦距为18mm时,最大光圈为F3.5;而焦距为105mm时,其最大光圈就自动变为了F5.6(例如佳能EF-S 10-22mm F3.5-4.5 USM,当焦距为10mm时,最大光圈为F3.5;而焦距为22mm时,其最大光圈就自动变为了F4.5)。

▲ 浮动光圈镜头尼康 AF-S 70-300mm F4.5-5.6G ED VR

▲ 浮动光圈镜头佳能 EF-S 10-22mm F3.5-4.5 USM

◀ 由于浮动光圈的镜头光圈不会太大,要得到小景深的画面,还可以靠近拍摄(焦距:100mm┊光圈:F3.5┊快门速度:1/320s┊感光度:ISO100)

4.4 全画幅镜头与 C 画幅镜头

4.4.1 全画幅镜头

全画幅镜头是指可以装在全画幅单反相机上使用的镜头，装在 APS-C 画幅的单反相机上也可以使用，而 APS-C 画幅的镜头就只能装在 APS-C 画幅的单反相机上使用。

全画幅镜头

佳能 EF 16-35mm F2.8L USM

尼康 AF 18-35mm F3.5-4.5D ED

适马 AF 28-300mm F3.5-6.3 ASP IF DG MACRO

▲全画幅适合拍摄视角开阔的场景，且拍出的画质非常好（焦距：20mm ┆光圈：F8 ┆快门速度：1/30s ┆感光度：ISO100）

4.4.2 C 画幅镜头

C 画幅镜头即 APS-C 画幅镜头，此类镜头不能安装在全画幅的相机上。对于佳能相机而言 EF-S 系列镜头均为 C 画幅镜头，尼康镜头型号中带 DX 为非全画幅镜头，不带 DX 的就是全画幅镜头，适马 DG 为全画幅镜头，DC 为非全画幅镜头。非全画幅镜头用在全画幅镜头上需要乘以转换系数，佳能的转换系数是 1.6，尼康是 1.5，例如，焦距为 18mm 的佳能镜头乘以系数后会变成 28.8mm。

C 画幅镜头

佳能 EF-S 17-85mm F4-5.6 IS USM

尼康 AF-S 18-70mm F3.5-4.5G ED DX

适马 AF 18-125mm F3.8-5.6 ASP IF HSM DC

◀ C 画幅镜头价格比较平民，成像质量也不错（焦距：320mm ┆光圈：F4 ┆快门速度：1/800s ┆感光度：ISO1000）

4.5 原厂镜头与副厂镜头

4.5.1 原厂镜头

原厂镜头自然是指佳能公司生产的EF卡口镜头，由于是同一厂商开发的产品，因此更能够充分发挥相机与镜头的性能，在镜头的分辨率、畸变控制以及质量等方面都是出类拔萃的，但其价格不够平民化。

原厂镜头

佳能 EF 70-200mm F2.8L USM

尼康 AF-S 70-200mm F2.8G VR II ED N

◀ 原厂镜头成像质量非常好（焦距：17mm ┊ 光圈：F16 ┊ 快门速度：3s ┊ 感光度：ISO100）

4.5.2 副厂镜头

相对原厂镜头高昂的售价，副厂（第三方厂商）镜头似乎拥有更高的性价比，其中比较知名的品牌有腾龙、适马、图丽等。以腾龙28-75mm F2.8镜头为例，在拥有不逊于原厂同焦段镜头EF 24-70mm F2.8 L USM画面质量的情况下，其售价大约只有原厂镜头的1/3，因而得到了很多用户的青睐。

当然，副厂镜头也有其不可回避的缺点，比如镜头的机械性能、畸变及色散等方面都存在一定的问题，作为一款中端数码单反相机，为Canon EOS 70D配备一支副厂镜头似乎有点"掉价"，但若真是囊中羞涩的话，却也不失为一个不错的选择。

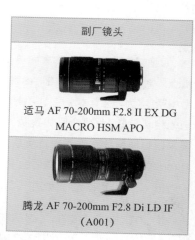

副厂镜头

适马 AF 70-200mm F2.8 II EX DG MACRO HSM APO

腾龙 AF 70-200mm F2.8 Di LD IF （A001）

◀ 副厂镜头焦段灵活，有多种焦段，适合拍摄不同的题材（焦距：200mm ┊ 光圈：F3.5 ┊ 快门速度：1/640s ┊ 感光度：ISO100）

4.6 学会换算等效焦距

如前所述，摄影爱好者常用的单反相机，一般分为两种画幅，一种是全画幅相机，一种是APS-C画幅相机。

APS-C画幅相机的CMOS感光元件为（22.3mm×14.9mm），由于其尺寸要比全画幅的感光元件（36mm×24mm）要小，因此其视角也会变小（即焦距变长）。但为了与全画幅相机的焦距数值统一，也为了便于描述，一般通过换算的方式得到一个等效焦距，其中佳能APS-C画幅相机的焦距换算系数为1.6（尼康为1.5）。

因此，在使用同一支镜头的情况下，如果将其装在全画幅相机上，其焦距为100mm；那么将其装在Canon EOS 70D（Nikon D7200）上时，其焦距就变为了160mm（150mm），用公式表示为：APS-C等效焦距＝镜头实际焦距×转换系数（1.6/1.5）。

学习换算等效焦距的意义在于，摄影爱好者要了解同样一支镜头，安装在全画幅相机与APS-C画幅相机所带来的影响。例如，如果摄影爱好者的相机APS-C画幅，但是想购买一支全画幅定焦镜头用于拍摄人像，那么就要考虑到焦距的选择。通常85mm左右焦距拍摄出来的人像是最为真实、自然，在购买时，不能直接选择85mm的定焦镜头，而是应该选择50mm的定焦镜头，因为其换算焦距后等于80mm，拍摄出来的画面基本与85mm焦距效果一致。

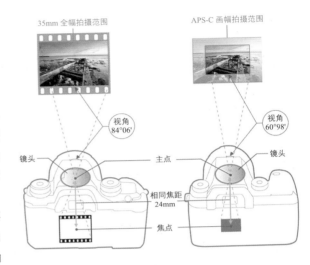

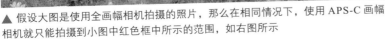

▲ 假设大图是使用全画幅相机拍摄的照片，那么在相同情况下，使用APS-C画幅相机就只能拍摄到小图中红色框中所示的范围，如右图所示

4.7 按焦段认识镜头

数码单反镜头按照焦距范围的不同，可以分为广角、标准和长焦等几种。

4.7.1 广角镜头

广角镜头的焦距段在10～35mm之间，其特点是视角广、景深大和透视效果好，不过成像容易变形，其中焦距为10～24mm的镜头由于焦距更短，视角更广，常被称为超广角镜头。

广角镜头推荐

AF-S 尼克尔 24-70mm F2.8 G ED

AF-S 尼克尔 14-24mm F2.8 G ED

EF 24-70mm F2.8 L USM

EF 16-35mm F2.8 L Ⅱ USM

▲ 广角镜头经常被用来拍摄气势磅礴的自然风光（焦距：17mm ¦ 光圈：F22 ¦ 快门速度：1/3s ¦ 感光度：ISO100）

由于广角镜头可将眼前更广阔的场景纳入取景器内，这种镜头对空间的表现力尤为出色，可以使画面远近的透视感更加强烈，极大地加强了画面的视觉冲击感。在拍摄风光、建筑等大场面景物时，可以有效地表现景物雄伟壮观的气势。

有些广角镜头的边缘有少许变形，合理地利用这种畸变特性能够在拍摄人像、花卉等题材获得奇特的视觉效果。

▲ 利用广角镜头加强了画面的纵深效果，使得建筑看起来更高耸（焦距：20mm ¦ 光圈：F20 ¦ 快门速度：1/125s ¦ 感光度：ISO100）

4.7.2 标准镜头

标准定焦镜头的焦距范围通常在35mm~85mm之间，它所摄得的影像接近于人眼正常的视角范围，其透视关系接近于人眼所感觉到的透视关系，因此，标准镜头能够逼真地再现被摄对象的影像。标准镜头虽然光学结构简单，但是成像质量却极其优异，而且制造成本低，售价便宜。

标准变焦镜头通常由广角端到长焦端，但长焦端通常不超过135mm，如EF-S 18-135mm F3.5-5.6 IS、EF 24-70mm F2.8 L USM等镜头均是如此（尼康为AF 24-85mm F2.8-4 D IF、AF-S 24-70mm F2.8 G ED等镜头）。标准定焦镜头的光圈可以做到很大，在光线较弱的照明条件下进行拍摄，也可以得到良好的曝光效果。

对于任何一个摄影爱好者而言，都应该配备一款光圈为1.8的标准定焦镜头，佳能的EF 50mm F1.8仅售价700元（尼康为AF 50mm F1.8D），这款镜头使用在APS-C画幅的相机上等效焦距为80mm左右（尼康为75 mm左右），非常适合于拍摄人像。

中焦镜头推荐
AF 尼克尔 85mm F1.8 G
AF-S 尼克尔 24-120mm F4 G ED VR
EF 85mm F1.8 USM
EF 24-105mm F4 L IS USM

◀标准镜头不会产生变形，很适合用来拍摄人像，画面看起来真实、亲切（焦距：85mm ┊光圈：F2.8 ┊快门速度：1/500s ┊感光度：ISO100）

4.7.3 长焦镜头

长焦镜头也叫"远摄镜头"，具有"望远"的功能，能拍摄距离较远、体积较小的景物，通常拍摄野生动物或容易被惊扰的对象时会用到长焦镜头。长焦镜头的焦距通常在135mm以上，而焦距在300mm以上的镜头常被称为"超长焦镜头"。一般常见的长焦镜头焦距有135mm、180mm、200mm、300mm、500mm等几种。长焦镜头具有视角窄、景深小和空间压缩感较强的特点。

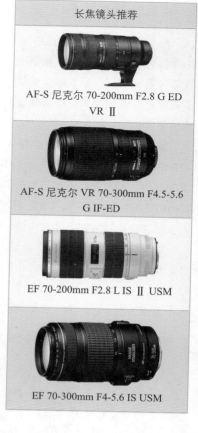

长焦镜头推荐

AF-S 尼克尔 70-200mm F2.8 G ED VR II

AF-S 尼克尔 VR 70-300mm F4.5-5.6 G IF-ED

EF 70-200mm F2.8 L IS II USM

EF 70-300mm F4-5.6 IS USM

利用长焦镜头结合大光圈营造出很梦幻的画面效果，背景中的光斑衬托着蝴蝶非常美丽（焦距：200mm ┆光圈：F3.5 ┆快门速度：1/400s ┆感光度：ISO200）

4.7.4 微距镜头

微距镜头主要用于近距离拍摄物体，它具有1∶1的放大倍率，即成像与物体实际大小相等。它的焦距通常为60mm、105mm、150mm、180mm等。微距镜头被广泛地用于花卉摄影和昆虫摄影等题材，另外也经常被用于翻拍照片。

微距镜头推荐

AF-S VR 尼克尔 105mm F2.8 G IF-ED

EF 100mm F2.8 L IS USM

◀ 微距画面中跳蛛明亮的眼睛非常突出（焦距：100mm ┆光圈：F13 ┆快门速度：1/200s ┆感光度：ISO100）

课后练习与提升

1. 下面镜头是浮动光圈镜头还是恒定光圈镜头?

2. 恒定光圈的镜头在哪个焦段都可以设置最大光圈吗?
3. 尼康和佳能的C画幅相机的镜头转换系数各为多少?
4. 要想得到更广视角的画面,应选择哪个焦段的镜头?
5. 为什么拍摄人像时大多会选择标准镜头?
6. 拍摄山景时,选择哪个焦段的镜头可起到压缩空间的作用?
7. 全幅画相机为什么不需要换算焦距?

第5章 了解摄影附件

5.1 脚架

在拍摄微距、长时间曝光题材或长焦镜头拍摄动物时,脚架是必备的摄影配件之一,使用它可以让相机变得更稳定,即使在长时间曝光的情况下,也能够拍摄到清晰的照片。

市场上的脚架类型非常多,按材质可以分为高强塑料材质、合金材料、钢铁材料、碳素纤维等几种,其中以铝合金及碳素纤维材质的脚架最为常见。

铝合金脚架的价格较便宜,但重量较重,不便于携带;碳素纤维脚架的档次要比铝合金脚架高,便携性、抗震性、稳定性都很好,在经济条件允许的情况下,是非常理想的选择。它的缺点是价格很贵。

另外,根据支脚数量可把脚架分为三脚与独脚两种。三脚架用于稳定相机,甚至在配合快门线、遥控器的情况下,可实现完全脱机拍摄;而独脚架的稳定性能要弱于三脚架,主要是起支撑的作用,在使用时需要摄影师来控制独脚架的稳定性,由于其体积和重量都只有三脚架的1/3,无论是旅行还是日常拍摄携带都十分方便。

不同厂商生产的脚架性能、质量均不尽相同,便宜的脚架价格只有100~200元,而贵的脚架价格可能达到数千元。下面是选购脚架时应该注意的几个要点。

- 脚管的节数:脚架有3节脚管和4节脚管两种类型,追求稳定性和操作简便的摄影师可选3节脚管的三脚架,而更在意携带方便性的摄影师应该选择4节脚管的三脚架。
- 脚管的粗细:将脚架从最上节到最下节全部拉出后,观察最下节脚管的粗细程度,通常应该选择最下节脚管粗的脚架,以便更好地保持脚架的稳定。
- 脚架的整体高度:完全打开脚架并安装相机的情况下,观察相机的取景器高度。如果脚架高度太低,摄影师会由于要经常弯腰而容易疲劳,且拍摄范围也受到局限。注意在此提到的高度是在不升中轴的情况下测量的,因为在实际拍摄时中轴的稳定性并不好,因此越少使用越好。如果可能,应该了解脚架的以下四个高度指标,即升起中轴最大高度、未升起中轴最大高度、最低高度、折合高度。
- 脚管伸缩顺畅度:如果脚架是旋钮式,要确认一下旋钮要拧到什么程度脚管伸缩才顺畅(旋钮式的优点是没有突出锁件,便于携带与收纳,但操作时间相对较长,而且松紧度不可调节)。如果是扳扣式的,则要看使用多大的力度才能扣紧(扳扣式的优点是操作速度快,松紧度可调,但质量不好的锁件易损)。

▲ 碳素纤维三脚架　▲ 镁合金扳扣式独脚架

▲ 镁合金旋钮式三脚架　▲ 镁合金旋钮式独脚架

▲ 3节脚管三脚架　▲ 4节脚管三脚架

▲ 旋钮式

▲ 扳扣式

5.2 存储卡

5.2.1 全面认识不同类型的 SD 存储卡

SD 卡（Secure Digital Memory Card）中文翻译为安全数码卡，被广泛用于便携式数码设备上，Canon EOS 70D 和 Nikon D7200 都可以使用 SD 卡存储照片。

容量与存储速度是评判 SD 卡的两个重要指标，判断 SD 卡的容量很简单，只需要看一下存储卡上标注的数值即可；而要了解存储卡的存储速度，则首先要知道评定 SD 卡存储速度的三种方法。

第一种是使用 Class 评级。比如，大部分的 SD 卡可以分为 Class2、Class4、Class6 和 Class10 等级别，Class2 表示传输速度为 2MB/s，而 Class10 则表示传输速度为 10MB/s。

第二种是按 UHS（超高速）评级，分 UHS-Ⅰ、UHS-Ⅱ两个级别。

第三种是用"x"评级。每个"x"相当于 150KB/s 的传输速度，所以一个 133x 的 SD 卡的传输速度可以达到 19950KB/s。

5.2.2 SDHC 型 SD 卡

SDHC 是 Secure Digital High Capacity 的缩写，即高容量 SD 卡。SDHC 型存储卡最大的特点就是高容量（2GB～32GB）。另外，SDHC 采用的是 FAT32 文件系统，其传输速度分为 Class2（2MB/s）、Class4（4MB/s）、Class6（6MB/s）等级别。

5.2.3 SDXC 型 SD 卡

SDXC 是 SD Extended Capacity 的缩写，即超大容量 SD 存储卡。理论容量可达 2TB。此外，其数据传输速度也很快，最大理论传输速度能达到 300MB/s。但目前许多数码相机及读卡器并不支持此类型的存储卡，因此在购买前要确定当前所使用的相机与读卡器是否支持此类型的存储卡。

▲ 具有不同标识的 SDXC 及 SDHC 存储卡

5.2.4 MicroSDHC 型存储卡

MicroSDHC 是"Micro Secure Digital High Capacity Card"的缩写，即"微型安全数字高容量卡"。其最大的特点是体积小，大小约只有手指甲一般，当其安装在卡套中后，一样可以使用在 Canon EOS 70D/Nikon D7200 上。

▲ MicroSDHC 型存储卡及卡套

5.3 滤镜

5.3.1 UV 镜和保护镜

UV 镜也叫"紫外线滤镜",是滤镜的一种,主要是针对胶片相机而设计的,用于防止紫外线对曝光的影响,提高成像质量和影像的清晰度。而现在的数码相机已经不存在这种问题了,但由于其价格低廉,已成为摄影师用来保护数码相机镜头的工具。因此强烈建议摄友在购买镜头的同时也购买一款 UV 镜,以更好地保护镜头不受灰尘、手印以及油渍的侵扰。

▲ B+W 77mm XS-PRO MRC UV 镜

除了购买佳能原厂的 UV 镜外,肯高、HOYO、大自然及 B+W 等厂商生产的 UV 镜也不错,性价比很高。

如前所述,在数码摄影时代,UV 镜的作用主要是保护镜头,开发这种 UV 镜的目的是兼顾数码相机与胶片相机。但考虑到胶片相机逐步退出了主流民用摄影市场,各大滤镜厂商在开发 UV 镜时已经不再考虑胶片相机,因此由这种 UV 镜演变出了专门用于保护镜头的一种滤镜——保护镜,这种滤镜的功能只有一个,就是保护价格昂贵的镜头。

▲ 不同口径的肯高保护镜

与 UV 镜一样,口径越大的保护镜价格越贵,通光性越好的保护镜价格也越贵。

▲ 保护镜不会影响画面的画质,拍摄的风景照片层次细腻、颜色鲜艳(焦距:24mm 光圈:F6.3 快门速度:1/400s 感光度:ISO100)

5.3.2 偏振镜

偏振镜也叫偏光镜或 PL 镜，在各种滤镜中，是一种比较特殊的滤镜，主要用于消除或减少物体表面的反光。由于在使用时需要调整角度，所以偏振镜上有一个接圈，使得偏振镜固定在镜头上以后，也能进行旋转。

偏振镜分为线偏和圆偏两种，数码相机应选择有"CPL"标志的圆偏振镜，因为在数码单反相机上使用线偏振镜容易影响测光和对焦。

偏振镜由很薄的偏振材料制作而成，偏振材料被夹在两片圆形玻璃片之间，旋拧安装在镜头的前端后，摄影师可以通过旋转前部改变偏振的角度，从而改变通过镜头的偏振光数量。旋转偏振镜时，从取景器或液晶显示屏中观看就会发现光线随着旋转时有时无，色彩饱和度也会随之发生强弱变化，当得到最佳视觉效果时，即可停止旋转偏振镜完成拍摄。

▲ 肯高 67mm C-PL（W）偏振镜

学习视频：理解阶段性正确

▲ 在镜头前安装偏振镜后拍摄的画面中蓝天的颜色更加纯净，衬托着白云也更加洁白（焦距：24mm ┊ 光圈：F16 ┊ 快门速度：1/400s ┊ 感光度：ISO100）

▲ 通过旋转偏振镜可改变滤镜的过滤强度，可以看到随着旋转操作，水面的倒影越来越淡

5.3.3 中灰渐变镜

摄影爱好者在日出日落时拍摄风光照片时，会发现想同时保留天空与地面的细节，是一件非常困难的事情，最后拍摄出来的画面要不就是天空曝光正常而地面景物成剪影，要不就是地面曝光正常而天空曝光过度的效果，总是不如眼睛所看到的那样理想。而中灰渐变镜便是专门解决这一难题的。

1.什么是中灰渐变镜

渐变镜是一种一半透光、一半阻光的滤镜，分为圆形和方形两种，在色彩上也有很多选择，如蓝色、茶色等。而在所有的渐变镜中，最常用的应该是中灰渐变镜。中灰渐变镜是一种中性灰色的渐变镜。

2.在阴天使用中灰渐变镜改善天空影调

中灰渐变镜几乎是在阴天时唯一能够有效改善天空影调的滤镜。在阴天条件下，虽然乌云密布显得很有层次，但是实际上天空的亮度仍然远远高于地面，所以如果按正常曝光手法拍摄，得到的画面中天空会由于过曝而显得没有层次感。此时，如果使用中灰渐变镜，用深色的一端覆盖天空，则可以通过降低镜头上部的进光量来延长曝光时间，使云的层次得到较好的表现。

3.使用中灰渐变镜降低明暗反差

当拍摄日出、日落等明暗反差较大的场景时，为了使较亮的天空与较暗的地面得到均匀曝光，也可以使用中灰渐变镜拍摄。拍摄时用较暗的一端覆盖天空，即可降低此区域的通光量，从而使天空与地面均得到正确曝光。

▲ 安装中灰渐变镜后的佳能和尼康相机

▲ 借助于中灰渐变镜压暗过亮的天空，缩小与地面的明暗差距，得到层次细腻的画面效果（焦距：17mm｜光圈：F10｜快门速度：10s｜感光度：ISO100）

5.3.4 中灰镜

中灰镜即 ND（Neutral Density）镜，又被称为中性灰阻光镜、灰滤镜、灰片等。其外观类似于一个半透明的深色玻璃，通常安装在镜头前面用于减少镜头的进光量，以便降低快门速度。如果拍摄时环境光线过于充足，要求使用较低的快门速度，此时就可使用中灰镜来降低快门速度。

▲ 肯高 52mm ND4 中灰减光镜

▲ 站在高处拍摄水流，为了延长曝光时间，使用中灰镜减少进光量，得到呈现出雾化效果的水流画面（焦距：40mm｜光圈：F13｜快门速度：6s｜感光度：ISO100）

5.4 快门线和遥控器

快门线是一种与三角架配合使用的附件，在进行长时间曝光时，为了避免手指直接接触相机而产生震动，会经常用到快门线。

在使用快门线进行长曝光拍摄时，建议最好使用反光板预升功能。因为当按动快门时，反光板抬起的瞬间也会产生震动，这样做可以将震动降到最低，得到接近完美的画质。遥控器的作用与快门线相同，使用方法类似于常见的电视机或者空调遥控器，只需按下遥控器上的按钮，快门就会自动启动。

▲ 佳能快门线示意图　　▲ 佳能遥控器示意图

▲ 尼康 MC-30 快门线

▲ 尼康 ML-3 遥控器

▲ 使用快门线拍摄夜景，可以避免手触相机产生的晃动，从而获得不错的画面质量（焦距：24mm｜光圈：F18｜快门速度：25s｜感光度：ISO800）

5.5 闪光灯

闪光灯可以在光线较暗的情况下帮助拍摄者顺利完成拍摄任务。一般数码单反相机都配备了内置闪光灯，但是其闪光指数通常很小，闪光功能单一，只能在距离近、光线比较简单的场合使用，很难满足光线较复杂情况下的拍摄要求，所以专业摄影师通常会配备独立的外置闪光灯。

专业的外置闪光灯闪光指数很大，回电速度快，还可以调整闪光的角度。此外，外置闪光灯不会消耗相机机身内的电池电量，不影响相机电池的使用时间。即使在光线充足的室外，当光比很大时，闪光灯也常被拿来作补光用。

▲ 内置闪光灯开启状态示例

▲ 装上外置闪光灯后示例

▲ 闪光灯的补光效果很明显，人物的肌肤得到了很好的表现（焦距：135mm｜光圈：F3.2｜快门速度：1/250s｜感光度：ISO100）

5.6 遮光罩

遮光罩安装在镜头前方，可以遮挡住不必要的光线进入镜头，避免产生光斑和生成灰雾破坏成像效果。此外，还可以在一定程度上防止灰尘、水滴对镜头前组玻璃的损坏。

在选购遮光罩时，一定要注意与镜头的匹配，一般情况下广角镜头的遮光罩较短，而长焦镜头的遮光罩较长。如果把适用于长焦镜头的遮光罩安装在广角镜头上，镜头四周的光线会被挡住；而把适用于广角镜头的遮光罩安装在长焦镜头上，则起不到遮光的作用。

▲ 不同形状的遮光罩

▶ 由于镜头直接冲着太阳拍摄，强光会在镜头内产生眩光，从而影响画面效果，此时使用遮光罩可以有助于限制眩光的产生（焦距：23mm｜光圈：F22｜快门速度：1/20s｜感光度：ISO100）

课后练习与提升

1. 需要长时间曝光时可选择哪种附件来固定相机？
2. 如何调整偏振镜来消除偏振光？
3. 当天空过亮时，应如何放置中灰渐变镜来缩小天空与地面的明暗差距？
4. 在光线较强的环境中拍摄时，除了相机设置，还可以应用哪种附件来减少画面的进光量？
5. 长时间曝光时，使用快门线和遥控器的好处是什么？
6. 闪光灯只用在光线较暗的环境中吗，还有什么作用？
7. 简单描述遮光罩的作用是什么？

第6章 摄影构图常识

6.1 构图的两大目的

6.1.1 构图目的之一——赋予画面形式美感

有些摄影作品无论是远观还是近赏都无法获得别人的赞许,有些摄影作品则恰恰相反。这两种摄影作品之间比较大的区别就是,后者更具有形式美感,而这恰好是前者所不具备的。

而构图的目的之一就是赋予画面形式美感,因为,无论照片的主题多么重要,如果整个画面缺乏最基本的形式美感,这样的照片就无法长时间吸引观赏者的注意。

利用构图手法赋予画面形式美感,最简单的一个方法就是让画面保持简洁,这也是为什么许多摄影师认为"摄影是减法艺术"的原因,此外,就是灵活运用最基本的构图法则,这些构图法则在摄影艺术多年发展历程中,已经被证明是切实有效的。

▲ 采用水平视角拍摄的建筑一角,画面中的直线、斜线、网格线有次序地交织在一起,复杂的建筑结构使画面看起来很有形式美感(焦距:17mm ┊ 光圈:F20 ┊ 快门速度:1/50s ┊ 感光度:ISO100)

6.1.2 构图目的之二——营造画面的兴趣中心

一幅成功的摄影作品,其画面必然有一个鲜明的兴趣中心点,其在点明画面主题的同时,也是吸引观者注意力的关键所在。

这个兴趣中心点可能是整个物体或者物体的一个组成部分,也可能是一个抽象的构图元素,或者是几个元素的组合等,在拍摄时摄影师必须通过一定的构图技巧,来强化画面的兴趣中心,使之在画面中具有最高的关注度。

▲ 巧妙地将冰块的造型与夕阳时分的落日结合起来,好像怪兽要吃掉太阳一样,整个画面趣味十足(焦距:230mm ┊ 光圈:F9 ┊ 快门速度:1/640s ┊ 感光度:ISO400)

6.2 画幅

6.2.1 横画幅

横画幅构图被人们广泛地应用，主要是因为横画幅符合人们的视觉习惯和生理特点，因为人的双眼是水平的，很多物体也都是在水平方向上进行延伸的。因此，无论是从人们的视觉习惯，还是从拍摄的便利性上（横向比竖向更容易持机），横画幅都是摄影师最常使用的画幅形式。

横画幅画面给人以自然、舒适、平和、宽广、稳定的视觉感受，尤其适合于表现水平方向上的运动、宽阔的视野。特别是在表现全景类大场景时，横画幅比竖画幅更具气势，整个场景看上去显得更宽广、博大、宏伟。因此，横画幅经常用于拍摄大场景风光（如海面、湖面、田原、绵延山脉）、人物群体肖像、环境人像、城市及建筑全貌等题材。

6.2.2 竖画幅

竖幅构图给人向上延伸的感觉。就单指画框来说，横竖边构成的角，具有方向性的冲击力，给人强烈上升的视觉感受，这样就增强了竖画面向上延伸的表现力和空间感，给观赏者独特的视觉感受。

竖画幅有利于将画面上下部分的内容联系在一起的表达主题，适合表现平远的对象，以及对象在同一平面上的延伸和远近层次，风光摄影中常用于拍摄大景深的山水、湖面、海面等主题。

竖画幅构图能给人以高耸、向上的感觉，因此也适合表现高大、挺拔、崇高等视觉感受，因此拍摄树木、建筑等题材时常用。

学习视频：拍前想一下

▲ 竖画幅可使女性的身材看起来更加修长、纤细（焦距：36mm ┆ 光圈：F3.2 ┆ 快门速度：1/320s ┆ 感光度：ISO320）

6.2.3 方画幅

方画幅是处于横画幅与竖画幅之间的一种中性的画幅形式，常常给人以一种均衡、稳定、静止、调和、严肃的视觉感受。方画幅有利于表现对象的稳定状态，常常用来表现庄重的主题，但如果使用不当，画面就容易显得单调、呆板和缺乏生气。

▲ 方画幅的稳定感很适合表现坚毅的山峦，而画面下方柔美的水流则打破了画面呆板的感觉（焦距：115mm ┊光圈：F14 ┊快门速度：8s ┊感光度：ISO800）

6.2.4 宽画幅

宽幅画面的视角超过了90°，其长宽比可以达到5∶1甚至更高，因此这样的照片使观赏者的视野更加开阔。"清明上河图"就是这样一幅典型的超宽画幅画作。这种画幅的照片，通常是利用数码单反相机拍摄后，通过后期软件进行裁剪拼合得到的。

▲ 使用宽画幅来表现山脉，可使其显得无比宽广、辽阔，而前景处的树木也丰富了画面的层次感

6.3 认识各个构图要素

6.3.1 主体

主体指拍摄中所关注的主要对象，是画面构图的主要组成部分，可集中观者视线的视觉中心，也是画面内容的主要体现者，可以是人也可以是物，可以是任何能够承载表现内容的事物。

一幅漂亮的照片会有主体、陪体、前景、背景等各种元素，但主体的地位是不能改变的。而其他元素的完美搭配都是为了突出主体，并以此为目的安排主体的位置、比例。

要突出主体在摄影中可以采用多种手段，最常用的方法是对比。例如，通过虚实对比、大小对比、明暗对比、动静对比等。

▲ 在具有韵律的波纹的衬托下，画面中的鸟儿非常醒目（焦距：200mm ｜光圈：F3.2 ｜快门速度：1/400s ｜感光度：ISO100）

6.3.2 陪体

陪体在画面中起衬托的作用，正所谓"红花还需绿叶扶"，如果没有绿叶的存在，再美丽的红花也难免会失去活力。"绿叶"作为陪体时，它是服务于"红花"的，要主次分明，切忌喧宾夺主。

一般情况下，可以利用直接法和间接法处理画面中的陪体。直接法就是把陪体放在画面中，但要注意陪体不能压过主体，往往安排在前景或是背景的边角位置。间接法，顾名思义，就是将陪体安排在画面外。这种方法比较含蓄，也更具有韵味，形成无形的画外音，做到"画中有话，画外亦有话"。

6.3.3 环境

环境是指靠近主体周围的景物，它既不属于前景，也不属于背景，环境可以是景、是物，也可以是鸟或其他动物，环境起到衬托、说明主体的作用。

一幅摄影作品中，我们除了可以看到主体和陪体以外，还可以看到作为环境的一些元素。这些元素烘托了主题、情节，进一步强化了主题思想的表现力，并丰富了画面的层次。

▲ 以广角镜头仰视拍摄大树，在蓝天、白云、古建等环境的衬托下，画面给人一种清新、自然的视觉感受（焦距：15mm ｜光圈：F8 ｜快门速度：1/125s ｜感光度：ISO100）

6.4 掌握构图元素

6.4.1 用点营造画面的视觉中心

点在几何学中的概念是没有体积，只有位置的集合图形，直线的相交处和线段的两端都是点。在摄影中，点强调的是位置。

从摄影的角度来看，如果拍摄的距离足够远，任何事物都可以成为摄影画面中的点，大到一个人、房屋、船等，只要距离够远，在画面中都可以以点的形式出现；同理，如果拍摄的距离足够近，小的对象，比如说一颗石子、一个田螺、一朵小花，也可以作为点在画面中存在。

从构图的意义方面来说，点通常是画面的视觉中心，而其他元素则以陪体的形式出现，用于衬托、强调充当视觉中心的点。

▲ 在这张照片中，骆驼就是作为一个"点"存在的，能起到画面视觉兴趣点的作用（焦距：235mm ┊ 光圈：F7.1 ┊ 快门速度：1/250s ┊ 感光度：ISO100）

6.4.2 利用线赋予画面形式美感

线条无处不在，每一种物体都具有自身鲜明的线条特征。

在摄影中，线条既是表现物体的基本手段，也是传递画面形象美的主要方法。

拍摄时，要通过各种方法来寻找线条，如仔细观察建筑物、植物、山脉、道路、自然地貌、光线，都能找到漂亮的线条，并在拍摄时通过合适的构图方法将其在画面中强调出来，并使画面充满美感。

▲ 摄影师以楼梯为元素，采用俯视的角度拍摄，结构相似的楼梯构成很有形式美感的画面（焦距：17mm ┊ 光圈：F6.3 ┊ 快门速度：1/20s ┊ 感光度：ISO200）

6.4.3 找到景物最美的一面

在几何学中，面的定义是线的移动轨迹。因为肉眼能看到的物体，大都是以面的形式存在的，所以面是摄影构图中最直观、最基本的元素。

在不同角度拍摄同一物体时，可以拍摄到不同的画面。这些画面中有的可能很美，也有的可能很平凡，这时就需要我们去寻找、发现物体最美的一面。

▲ 夕阳时分无疑是拍摄风景的最佳时间段，无论是光线、色彩亦或是云彩、天空等元素，都可以以近乎完美的状态展现出来（焦距：18mm ┊ 光圈：F16 ┊ 快门速度：1/50s ┊ 感光度：ISO400）

6.5 3种常见水平拍摄视角

拍摄视角的变化会影响到整个画面的视觉效果，视角不同，画面中主体与陪体表现的效果，以及画面中各元素间的位置关系也会发生变化，而即便是细小的变化，也可能使画面出现不同的表现效果，即所谓的"移步换景"。

关于这一点，著名诗人苏轼已经在《题西林壁》中，用两句诗"横看成岭侧成峰，远近高低各不同"，进行了充分而精练的表述。

6.5.1 正面

正面拍摄就是相机与被摄体的正面相对的位置进行拍摄。使用正面角度进行拍摄，可以很清楚地展示被摄体的正面形象。

对于风光摄影而言，有些景物是没有必然的正面或其他面之分的，此时，我们只需要按照追求的效果选择合适的角度拍摄就可以了。但如果拍摄的是建筑、昆虫、飞鸟、人像等题材时，则区分是否拍摄的是正面，则就有很重要的意义了。

正面摄影的画面不足之处在于，如果拍摄的是对称题材，则画面因缺少变化而比较呆板，被拍摄对象在画面上只有高度和宽度没有深度，所以影响了对象的立体感、纵深感和动感表现。

学习视频：多拍才能从量变到质变

▲ 以正面拍摄小猫的脸，将其圆圆、大大、神韵十足的眼睛表现得很漂亮（焦距：70mm｜光圈：F2.8｜快门速度：1/400s｜感光度：ISO100）

6.5.2 侧面及斜侧面

侧面拍摄就是相机位于与被摄体正面呈90°的位置进行拍摄。使用侧面进行拍摄，可以突显被摄体的轮廓。

斜侧面角度是指介于正面角度与侧面角度之间的角度，它能够表现出拍摄对象正面和侧面的形象特征以及丰富多样的形态变化。

侧面角度常被用于勾勒被拍摄对象的轮廓线，例如，展现出人、马等形体优美且富有特征的线条；此外，这种角度被用于强调动体的方向性和事物之间的方位感，但在拍摄时要注意为画面留出运动空间，使运动具有明确的方向性。

斜侧面角度可以弥补正面、侧面结构形式的不足，避免了画面的呆板，使画面显得生动、活泼、多变、立体。斜侧面角度还可以在画面中形成影像近大远小、线条汇聚的效果，从而使画面有更强的空间透视效果。

6.5.3 背面

背面拍摄就是相机位于被摄体后方的位置进行拍摄，背面拍摄意境更含蓄。

在背面方向时，由于画面看到的景物和观众看到的景物是一样的，因而在表现得当的情况下，很容易引发观众的联想。由于背面构图主要是刻画主体背面的形态和轮廓，主体优美的造型可以使画面更有感染力。

反之，如果所拍摄对象的背面没有什么特点，或不能够反映被拍摄对象的主要特征，就不适宜于背面拍摄。

▲ 从人物背影拍摄会使人产生联想，增加人物的含蓄美感，也使画面更具感染力（焦距：50mm ┊ 光圈：F2.8 ┊ 快门速度：1/320s ┊ 感光度：ISO100）

▲ 通过侧面拍摄，人物脸部到腹部的轮廓线在虚化背景的衬托下十分突出（焦距：135mm ┊ 光圈：F5.6 ┊ 快门速度：1/200s ┊ 感光度：ISO200）

6.6 利用高低视角的变化进行构图

6.6.1 平视拍摄要注意的问题

平视角度拍摄即摄影机镜头与被摄对象处在同一水平线上，平视角度拍摄的画面里，透视关系、结构形式和人眼看到的大致相同，会给人以心理上的亲切感。

平视角度是最不容易出特殊画面效果的角度，因此，平视角度拍摄需要注意以下问题：

首先是选择、简化背景。平视角度拍摄容易造成主体与背景景物的重叠，要想办法避免杂乱的背景或用一些可行的技术与艺术手法简化背景。

再次，要注意避免地平线分割画面。

可利用前景人为地加强画面透视，打破地平线无限制的横穿画面，或者利用高低不平的物体如山峦、岩石、树木、倒影等来分散观众视线的注意力，减弱地平线横穿画面的力量。

还可以利用纵深线条，即利用画面中从前景至远方所形成的线条变化，引导观众视线向画面纵深运动，加强画面深度感，减弱横向地平线的分割力量。

利用空气介质、天气条件的变化，如雨、雪、雾、烟等增强空间透视感，也是不错的方法。

▲以平视的角度采用上下对称的构图表现湖水，使观者感受到平稳、庄重的感觉，画面展现出一幅静逸、宁静的气氛（焦距：19mm︰光圈：F13︰快门速度：1/160s︰感光度：ISO100）

6.6.2 俯视拍摄要注意的问题

俯视角度拍摄即摄影机镜头处在正常视平线之上，由高处向下拍摄被摄体。

所谓"高瞻远瞩"，俯视角度拍摄有利于展现空间、规模、层次，可以将远近景物在平面上充分展开，而且层次分明，有利于展现空间透视及自然之美，有利于表现某种气势、地势，如山峦、丘陵、河流、原野等，介绍环境、地点、规模、数量，如群众集会、阅兵式等，展示画面中物体间的方位关系。

俯视拍角度会改变被摄事物的透视状况，形成一定的上大下小的变形，这种变形在使用广角镜头拍摄时更加明显。例如，在人像摄影中这种角度能够使眼睛看上去更大一些，而脸则更瘦一些。

运用这种角度拍摄要注意的是，俯视角度拍摄有时表示了一种威压、蔑视的感情色彩，因为当我们去俯视一个事物时，自身往往处在一个较高的位置，心理上处于一种较优越的状态。因此，在拍摄人像时要慎重使用。

俯视角度拍摄有简化背景的作用，可以利用干净的地面、水面、草地等作为背景，避开地平线以及地平线上众多的景物。

俯视角度拍摄时往往使地平线位于画面的上方，以增加画面的纵深感，使画面显得深远、透视感强。

▲ 以俯视角度拍摄夜色下的城市全景，繁华的灯光在蓝色天空及海面的衬托下显得更加璀璨（焦距：24mm｜光圈：F13｜快门速度：15s｜感光度：ISO100）

6.6.3 仰视拍摄要注意的问题

仰角度拍摄即摄影机镜头处于视平线以下，由下向上拍摄被摄体。仰角度拍摄有利于表现处在较高位置的对象，利于表现高大垂直的景物。当景物周围拍摄空间比较狭小时，利用仰拍角度可以充分利用画面的深度来包容景物的体积。

由于仰角度拍摄改变了人们通常观察事物的视觉透视效果，使得仰角度拍摄有利于表达作者的独特的感受，使画面中的物体造成某种优越感，表示某种赞颂、胜利、高大、敬仰、庄重、威严等，给人们以象征性的联想、暗喻和潜在意义，具有强烈的主观感情色彩。

使用仰角度拍摄时要注意的是，为了使景物本身的线条产生明显的向上汇聚效应，拍摄时需要使用广角镜头。如果在拍摄时使用中焦或长焦镜头，则由于仰视角度产生的景物向上汇聚的趋势就会变得比较弱。

仰角度拍摄还有利于简化背景，可以能够找到干净的天空、墙壁、树木等作背景，将主体背后处于同一高度的景物避开。在简化背景的同时，仰角度拍摄还可以加强画面中动作的力度。仰角度拍摄时往往使地平线处于画面的下方，可以增加画面的横向空间展现，画面显得宽广、高远。

▲ 使用广角镜头仰视拍摄树木，透视效果的作用下使树木显得非常高大，画面给人一种强烈的视觉冲击力（焦距：19mm 光圈：F11 ╎快门速度：1/256s ╎感光度：ISO160）

6.7 开放式及封闭式构图

封闭式构图要求作品本身完整,通过构图把被摄对象限定在取景框内,不让它与外界发生关系。封闭式构图追求画面内部的统一、完整、和谐与均衡。适用于表现完美、通俗和严谨的拍摄题材。

开放式构图不讲究画面的严谨和均衡,而是引导观众突破画框的限制,对画面外部的空间产生联想,以达到增加画面内部容量与内涵的目的。

在构图时,可以有意在画面的周围留下被切割得不完整形象,同时不必追求画面的均衡感,利用画面外部的元素与画面内部的元素形成一种平衡、和谐感。如果利用这种构图形式来拍摄人像,画面中人像的视线与行为落点通常在画面外部,以暗示其与画面外部的事物有呼应与联系。

▶ 以封闭式构图表现将蛋糕吃得满身都是的孩子,凸显出其可爱、顽皮的特点(焦距:50mm ┆ 光圈:F4 ┆ 快门速度:1/125s ┆ 感光度:ISO100)

▼ 画面中只表现了孩子粘着蛋糕的腿和点缀着彩豆的蛋糕,虽然没有拍出全部的内容,但仅从这些信息中就可感受到孩子的顽皮和童真(焦距:200mm ┆ 光圈:F3.2 ┆ 快门速度:1/125s ┆ 感光度:ISO100)

6.8 常用构图法则

6.8.1 黄金分割法构图

许多艺术家在创作过程中都会遵循一定的原则，而在构图方面，艺术家们最为推崇并遵循的原则就是"黄金分割"，即画面中主体两侧的长度对比为1：0.618，这样的画面看起来是最完美的。

具体来说，黄金分割法的比例为5：8，它可以在一个正方形的基础上推导出来。

首先，取正方形底边的中心点为x，并以x为圆心，以线段xy为半径作圆，其与底边直线的交点为z点，这样将正方形延伸为一个比例为5：8的矩形，即a：c=b：a=5：8，而y点则被称为"黄金分割点"。

对摄影而言，真正用到黄金分割法的情况相对较少，因为在实际拍摄时很多画面元素并非摄影师可以控制的，再加上视角、景别等多种变数，因此很难实现完美的黄金分割构图。

但值得庆幸的是，经过不断的实践运用，人们总结出黄金分割法的一些特点，进而演变出了一些相近的构图方法，如九宫格法。在具体使用这种构图方法时，通常先将整个画面用三条形进行等分，而线条形成4个交点即称为黄金分割点，我们可以直接将主体置于黄金分割点上，以引起观者的注意，同时避免长时间观看而产生的视觉疲劳。

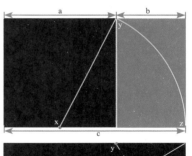
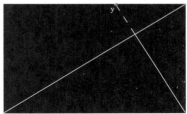

▲ 黄金分割法构图示意图

▲ 将女孩置于画面的黄金分割点处，使得画面在视觉上看起来很舒服，也使其在画面中突出（焦距：85mm ┆ 光圈：F2 ┆ 快门速度：1/8000s ┆ 感光度：ISO200）

当被摄对象以线条的形式出现时，可将其置于画面三等分的任意一条分割线位置上。这种构图方法本质上利用的仍然是黄金分割的原则，但也有许多摄影师将其称为三分线构图法。

学习视频：15种构图技巧

6.8.2 水平线构图

水平线构图也称为横向式构图,即通过构图手法使画面中的主体景物在照片中呈现为一条或多条水平线的构图手法。是常用构图方法之一。

水平线构图常常可以营造出一种安宁、平静的画面意境,同时,画面中的水平线可以为画面增添一种横向延伸的形式感。水平线构图根据水平线位置的不同,可分为低水平线构图、中水平线构图和高水平线构图。

中水平线构图是指画面中的水平线居中,以上下对等的形式平分画面。采用这种构图形式,通常是为了拍摄到上下对称的画面,有可能是被拍摄对象自身具有上下对称的结构,但更多的情况是由于画面的下方水面能够完全倒映水面上方的景物,从而使画面具有平衡、对等的感觉。值得注意的是中水平线构图不是对称构图,不需要上下的景物一致。

▲ 利用水平线构图表现湖景,向两边无限延伸的水平线,使画面在横向上产生了视觉扩张感(焦距:35mm ┊ 光圈:F22 ┊ 快门速度:1/320s ┊ 感光度:ISO400)

低水平构图是指画面中主要水平线的位置在画面靠下1/4或1/5的位置。采用这种水平线构图的原因是为了重点表现水平面以上部分的主体，当然在画面中安排出这样的面积，水平线以上的部分也必须具有值得重点表现的景象，例如天空中大面积的漂亮云层、冉冉升起的太阳等。

高水平构图是指画面中主要水平线的位置在画面靠上1/4或1/5的位置。高水平线构图与低水平线构图正好相反，主要表现的重点是水平以下部分，例如大面积的水面、地面，采用这种构图形式的原因，通常是由于画面中的水面、地面有精彩的倒影或丰富的纹理、图案细节等。

▲ 低水平线构图的画面中，利用大面积的天空中重点突出了云彩，蓝色的天空与太阳光照射的黄色云彩，使画面呈现出冷暖对比的效果，为画面营造了艺术气氛（焦距：18mm｜光圈：F10｜快门速度：1/200s｜感光度：ISO100）

6.8.3 垂直线构图

垂直线构图即通过构图手法，使画面中的主体景物在照片中呈现为一条或多条垂直线。

垂直线构图通常给人一种高耸、向上、坚定、挺拔的感觉，所以经常用来表现向上生长的树木及其他竖向式的景物。

如果拍摄时使画面中的景物在画面中上下穿插直通到底，则可以形成开放式构图，让观赏者想象出画面中的主体有无限延伸的感觉，因此拍摄时照片顶上不应留有白边，否则观赏者在视觉上会产生"到此为止"的感觉。

▲ 垂直线构图表现笔直的树林，使其在画面中产生上下延伸的感觉（焦距：50mm｜光圈：F2｜快门速度：1/250s｜感光度：ISO200）

6.8.4 斜线及对角线构图

斜线构图是利用建筑的形态,以及空间透视关系,将图像表现为跨越画面对角线方向的线条。它可以给人一种不安定的感觉,但却动感十足,使画面整体充满活力,且具有延伸感。

对角线构图属于斜线构图的一种极端形式,即画面中的线条等同于其对角线,可以说是将斜线构图的功能发挥到了一个极致。

▲ 利用鸟儿展开的翅膀在画面中形成对角线构图,营造出动感十足的画面效果(焦距:250mm ┊ 光圈:F6.3 ┊ 快门速度:1/2000s ┊ 感光度:ISO640)

6.8.5 辐射式构图

辐射式构图即通过构图使画面具有类似于自行车车轮轴条的辐射效果的构图手法。辐射式构图具有两种类型,一是向心式构图,即主体在中心位置,四周的景物或元素向中心汇聚,给人一种向中心挤压的感觉;二是离心式构图,即四周的景物或元素背离中心扩散开来,会使画面呈现舒展、分裂、扩散的效果。

早晨穿过树林的"耶稣光",多瓣的花朵等,这些都属于自然形成的辐射式。

要通过构图来形成辐射画面,应该在拍摄时寻找那些富有线条感的对象,如耕地、田园、纺织机、整齐的桌椅等。

▲ 利用广角镜头近大远小的透视效果拍摄建筑内部,使建筑构造形成向一点透视的效果,从而使画面产生强烈的视觉张力(焦距:20mm ┊ 光圈:F7.1 ┊ 快门速度:1/2s ┊ 感光度:ISO100)

6.8.6 L形构图

L形构图即通过摄影手法,使画面中主体景物的轮廓线条、影调明暗变化形成有形或无形的L形的构图手法。

L形构图属于边框式构图,使原有的画面空间凝缩在摄影师安排的L形状构成的空白处,即照片的趣味中心,这也使得观者在观看画面时,目光最容易注意这些地方。

但值得注意的是,如果缺少了这个趣味中心,整个照片就会显得呆板、枯燥。

在使用L形构图拍摄人物时,通常是让模特使用坐姿,此时要注意让人物的上半身或头部做一些特别的造型,如看向远方、看着镜头微笑、手部做些特殊造型等,以避免身体线条的僵硬感。

▲ 人物的身体姿态形成L线构图画面,给人稳定、自然、舒展的感觉(焦距:115mm ┊ 光圈:F3.5 ┊ 快门速度:1/160s ┊ 感光度:ISO500)

6.8.7 对称式构图

对称式构图是指画面中两部分景物,以某一根线为轴,在大小、形状、距离和排列等方面相互平衡、对等的一种构图形式。

采用这种构图形式通常是表现拍摄对象上下(左右)对称的画面。这种对象可能自身就有上下(左右)对称的结构;还有一种是主体与水面或反光物体形成的对称,这样的照片给人一种平静和秩序感。

▲ 对称式构图拍摄建筑与水里的影子,这种相映成趣的感觉,显出作品安静平和的氛围(焦距:18mm ┊ 光圈:F16 ┊ 快门速度:1/60s ┊ 感光度:ISO200)

6.8.8 S形构图

S形线构图能够利用画面结构的纵深关系形成S形，使观赏者在视觉上感到趣味无穷，在视觉顺序上对观众的视线产生由近及远的引导，诱使观众按S形顺序深入到画面里，给画面增添圆润与柔滑的感觉，使画面充满动感和趣味性。

这种构图不仅常用于拍摄河流、蜿蜒的路径等题材，在拍摄女性人像时也经常使用，以表现女性婀娜的身姿。

▲ 透过城市中S形的道路，画面看上去更有动感，同时空间感也得到了延伸（焦距：55mm ┊ 光圈：F16 ┊ 快门速度：10s ┊ 感光度：ISO100）

6.8.9 三角形构图

三角形构图即通过构图使画面呈现一个或多个正立、倾斜或颠倒的三角形的构图手法。

从几何学中我们知道，三角形是最稳定的结构，运用到摄影的构图中，同样如此。三角形通常给人一种稳定、雄伟、持久的感觉，同时由于人们通常认为山的抽象图形概括便是三角形，所以在风光摄影中经常用三角形构图来表现大山。

根据画面中出现的三角形数量可以将三角形构图分为单三角形构图、组合三角形构图及三角形与其他图形组合构图等；根据三角形的方向，可以将三角形构图分为正三角形构图和倒三角形构图。正立三角形不会产生倾倒之感，所以经常用于表现人物的稳定感及自然界的雄伟。

如果三角形在画面中呈现倾斜与颠倒的状态，也就是倒三角或斜三角，则会给人一种不稳定的感觉。组合三角形构图的画面更加丰富多变，一个套一个的不同规格三角形组合在一起，稳重又相互呼应，能够使画面的空间更有趣味性，这样的画面不容易感觉到单调和重复。

在夕阳时分的光线下，使用"荧光灯"白平衡，可以得到蓝、紫相间的色彩效果，为画面平添一份唯美、特别的视觉效果。

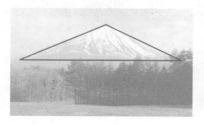

▲ 采用三角形构图拍摄山脉，显现出了山脉稳定、大气、雄厚的感觉（焦距：100mm ┊ 光圈：F10 ┊ 快门速度：1/100s ┊ 感光度：ISO100）

6.8.10 散点式构图

散点式（又称棋盘式）构图就是以分散的点状形象构成画面。

整个画面上景物很多，但是以疏密相间、杂而不乱的状态排列着，即存在不同的形态，又统一在照片的背景中。

散点式构图是拍摄群体性动物或植物时常用的构图手法，通常以仰视和俯视两种拍摄视角表现，俯视拍摄一般表现花丛中的花朵，仰视拍摄一般是表现鸟群。拍摄时建议缩小光圈，这样所有的景物都能得到表现，不会出现半实半虚的情况。

这种分散的构图方式，极有可能因主体不明确，造成视觉分散而使画面表现力下降，因此在拍摄时要注意经营画面中"点"的各种组合关系，画面中的景物一定要多而不乱，才能寻找到景物的秩序感并如实记录。

▲ 山上的野花竞相开放，花朵与花朵之间呈无序地排列，上图中采用散点构图拍摄的照片显得自然、不雕琢（焦距：28mm 光圈：F9 快门速度：1/800s 感光度：ISO100）

6.8.11 框架式构图

框架式构图是指通过安排画面中的元素，在画面内建立一个画框，从而使视觉中心点更加突出的一种构图手法。框架通常位于前景，它可以是任何形状，例如窗、门、树枝、阴影和手等。

框架式构图又可以分为封闭式与开放式两种形式。

封闭式框架式构图一般多应用在前景构图中，如利用门、窗等作为前景，来表达主体，阐明环境。

开放式构图是利用现场的周边环境临时搭建成的框架，如树木、手臂、栅栏，这样的框架式构图多数不规则也不完整，且被虚化或以剪影形式出现。这种构图形式具有很强的现场感，可以使主体更自然地被突出表现，同时还可以交代主体周边的环境，画面更生动、真实。

▲ 摄影师借助于门洞来取景拍摄，获得了不错的画中画效果（焦距：28mm 光圈：F9 快门速度：15s 感光度：ISO100）

6.9 构图的终极技巧——法无定式

虽然本章讲解了许多构图时的理论知识与规则，但如果要拍摄出令人耳目一新的作品，必须记住"法无定法"这四个字，必须明白拍摄平静的湖泊不一定非要使用水平线构图法，拍摄高楼不一定非要仰拍，只有将这些死的规则都抛到脑后，才能用一种全新的方式来构图。

这并不是指无须学习基础的摄影构图理论了，而是指在融会贯通所学理论后，才可以达到的境界，只有这种构图创新才不会脱离基本的美学轨道。这也才符合辩证的"理论指导实践，实践又反回来促进理论发展"的正循环。创新的方法多种多样，但可以一言蔽之——"不走寻常路"。

▲ 摄影师将镜头对着生活中常见的场景，利用错落有致的椅子形成大面积的图案，并将人物置在画面的黄金分割点上，打破了密集图案带来的沉闷感，给人一种真实自然又很新颖的生活场景（焦距：35mm ｜ 光圈：F16 ｜ 快门速度：1/500s ｜ 感光度：ISO100）

课后练习与提升

1. 简单描述下不同视角画面的特点。

2. 构图元素有哪几种，都有什么特点？

3. 下面几张图是什么构图形式，请一一简述，并说明选择这种构图方式的原因。

第7章 摄影光线常识

光和影凝聚了摄影的魅力，随着光线投射方向、强度的改变，在物体上产生的光影效果也会随之产生巨大的变化。要捕捉最精妙的光影效果，必须要认识光线的方向对于画面效果的影响。

根据光与被摄体之间的位置，光的方向可以划分为：顺光、前侧光、侧光、侧逆光、逆光、顶光。这6种光线有着不同的作用，只有在理解和熟悉的基础之上，才能巧妙精确地运用这些光线位置。

▲ 相机拍摄位置

▲ 为了使读者更好地理解光线的方向，我们可以把太阳的光位看作一个表盘，将表放在视线的水平正前方，将人眼作为"相机拍摄位置"，表盘中心的点作为被摄对象，按着示意图中箭头及文字注解，就不难理解太阳的光位了

受光面　背光面　　　　投影

▲ 下午明媚的阳光下，以侧逆光角度照射在人物背后，形成较明显的轮廓光效果，通过为人物暗部进行补光，以降低其光比，画面整体给人以清新、自然的感受（焦距：85mm ┊ 光圈：F3.2 ┊ 快门速度：1/2000s ┊ 感光度：ISO100）

7.1 光线的方向

7.1.1 顺光

当光线投射方向与拍摄方向一致时,这时的光即为顺光。

在顺光照射下,景物的色彩饱和度很好,画面通透、颜色亮丽。很多摄影初学者就很喜欢在顺光下拍摄,除了可以很好地拍出颜色亮丽的画面外,因其没有明显的阴影或投影,掌握起来也较容易,使用相机的自动挡就能够拍摄出不错的照片。

但顺光也有不足之处,即在顺光照射下的景物受光均匀,没有明显的阴影或者投影,不利于表现景物的立体感与空间感,画面较平板乏味。因此,无论是拍摄风光还是人像,通常不会采用顺光进行拍摄。

在实际拍摄时,为了弥补顺光立体感、空间感不足的缺点,需要尽可能地运用不同景深对画面进行虚实处理,使主体景物在画面中表现突出,或通过构图使画面中的明暗配合起来,如以深暗的主体景物配明亮的背景、前景,或反之。

顺光照射下摄影师背后的建筑投影会进入画面,拍摄时可以将自己的影子巧妙藏到树木或建筑投影中,或者使用中长焦镜头以免穿帮。

▲ 使用闪光灯以顺光的方向拍摄蚂蚁,清晰地展现了其身体上的每个细微细节,明亮的高光更好地表现了蚂蚁的身体质感(焦距:65mm 光圈:F9 快门速度:1/250s 感光度:ISO200)

7.1.2 前侧光

前侧光就是从被摄景物的前侧方照射过来的光,被摄体的亮光部分约占2/3的面积,阴影暗部约为1/3。

用前侧光拍摄的照片,可使景物大部分处在明亮的光线下,少部分构成阴影,既丰富了画面层次、突出了景物的主体形象,又显得非常协调,给人以明快的感觉,这时拍摄出来的画面反差适中、不呆板、层次丰富。

需要注意的是,在户外拍摄时,临近中午的太阳照射角度高,会形成高角度前侧光,这种光线反差大,层次欠丰富,使用时要慎重。

▲ 模特稍微侧脸,使窗户外的光线照射在她身上形成前侧光,这样的明暗对比下,使其面部看起来很有立体感(焦距:135mm 光圈:F3.5 快门速度:1/250s 感光度:ISO400)

7.1.3 侧光

当光线投射方向与相机拍摄方向呈90°角时，这种光线即为侧光。

侧光是风光摄影中运用较多的一种光线，这种光线非常适合表现物体的层次感和立体感，原因是侧光照射下景物的受光面在画面上构成明亮部分，而背光面形成阴影。

景物处在这种照射条件下，轮廓比较鲜明，且纹理也很清晰，明暗对比明显，立体感强，前后景物的空间感也比较强，因此用这种光源进行拍摄，最易出效果。所以，很多摄影爱好者都用侧光来表现建筑物、大山的立体感。

▲ 在侧光光线下拍摄雕塑的局部，由于明暗对比大，所以雕塑的立体感很明显（焦距：110mm ┊光圈：F5.6 ┊快门速度：1/640s ┊感光度：ISO200）

7.1.4 侧逆光

侧逆光从被摄体的后侧面射来的光线，既有侧光效果又有逆光效果。

不同于逆光在被摄体四周都有轮廓光，侧逆光只在其四周的大部分有轮廓光，被摄体的受光面要比逆光照明下的受光面多。侧逆光的角度对被拍摄物体的影响力比较大，拍摄时应该让被拍摄物体轮廓特征比较明显的一面尽可能多地朝向光源，使景物出现受光面、阴影面和投影，以更好地表现被拍摄对象的轮廓美感与立体形态。

使用这种光线拍摄人像时，一定要注意补光，使模特的身体既有侧逆光形成的明亮轮廓，又能够正常的表现出正面形象来。

▲ 侧逆光为人物添加了完美的轮廓光效果，地上的影子还有营造空间感的作用（焦距：37mm ┊光圈：F9 ┊快门速度：1/200s ┊感光度：ISO125）

7.1.5 逆光

逆光就是从被摄景物背面照射过来的光,被摄体的正面处于阴影部分,而背面处于受光面。

在逆光下拍摄的景物,被摄主体会因为曝光不足而失去细节,但轮廓线条却会十分清晰地表现出来,从而产生漂亮的剪影效果。

拍摄时要注意以下3点:

第一,如果希望被拍摄的对象仍然能够表现出一定的细节,应该进行补光,使被拍摄对象与背景的反差不那么强烈,形成半剪影的效果,画面层次更丰富,形式美感更强。

第二,在逆光拍摄时,需要特别注意在某些情况下强烈的光线进入镜头,在画面上形成会产生眩光。因此,拍摄时应该通过调整拍摄角度,或使用遮光罩来避免光斑。

第三,在逆光条件下拍摄时,通常测光位置选择在背景相对明亮的位置上。拍摄时,先切换为点测光模式,用中央对焦点对准要测光的位置,取得曝光参数组合;然后,在佳能相机上按下曝光锁定按钮✱(尼康相机为AE-L/AF-L按钮)锁定曝光参数;最后再重新构图、对焦、拍摄。

▲ 以逆光剪影的表现形式,记录下正在打球的人们,简单、纯粹的剪影,可让观者更关注画面中的人物姿态,因而突出其动感(焦距:40mm ┆ 光圈:F6.3 ┆ 快门速度:1/800s ┆ 感光度:ISO100)

7.1.6 顶光

顶光即指与拍摄对象呈现90度垂直照射的光线,一些角度有所偏移的垂直光线,也通常被归到此光线类型中。其特点就是能够使拍摄对象的投影垂直在下方,有利于突出拍摄对象的顶部形态。在自然界中,亮度适宜的顶光可以为画面带来饱和的色彩、均匀的光影分布以及丰富的画面细节。

在人像摄影中,不同角度的顶光,可以用于做轮廓光,来突出头发的质感,又或者是用于突出一些特殊的艺术气息。

学习视频:反复拍摄同一题材

▲ 顶光可以在被摄者的头顶形成好看的光,需要注意的是拍摄时要对其面部进行补光(焦距:200mm ┆ 光圈:F4 ┆ 快门速度:1/200s ┆ 感光度:ISO100)

7.2 光线的属性

7.2.1 直射光

当光线没有经过任何介质直接照射到被摄体上时，被摄体会呈现受光面明亮、背光面阴暗的状态，这种光线就是直射光。直射光多是由较强烈的光线产生的，其特点是明暗过渡区域较小，给人以明快的感觉。

直射光的照射会使被摄体产生明显的亮面、暗面与投影，因而画面会表现出强烈的明暗对比，从而增强画面景物的立体感。常用于表现层次分明的风光、棱角分明的建筑等拍摄题材，也被用于突出建筑的形状和轮廓。

▲ 强烈的直射光下，很好的表现了明暗分明、对比强烈的群山之美（焦距：24mm ┊ 光圈：F16 ┊ 快门速度：1/320s ┊ 感光度：ISO100）

7.2.2 散射光

散射光是指没有明确照射方向的光，如阴天、雾天时的天空光或者添加柔光罩的灯光，水面、墙面、地面反射的光线也是典型的散射光。

散射光的特点是照射均匀，被摄影体明暗反差小，影调平淡柔和。利用这种光线拍摄时，能较为理想地将被拍摄对象细腻且丰富的质感和层次表现出来，例如，在人像拍摄中常用散射光表现女性柔和、温婉的气质和娇嫩的皮肤质感。其不足之处是被摄对象的体积感不足、画面色彩比较灰暗。

在散射光条件下拍摄时，要充分利用被摄景物本身的明度及由空气透视所造成的虚实变化，如果天气阴沉就必须要严格控制好曝光时间，这样拍出的照片层次才丰富。

实际拍摄时，建议在画面中制造一点亮调或颜色鲜艳的视觉兴趣点，以使画面更生动。例如，在拍摄人像时，可以要求模特身着亮色的服装。

▲ 在散射光下拍摄人像，得到了颜色丰富、人物皮肤细腻的画面效果（焦距：200mm ┊ 光圈：F5.6 ┊ 快门速度：1/400s ┊ 感光度：ISO100）

课后练习与提升

1. 描述一下不同角度光线的特点。
2. 要拍摄有轮廓光的画面，应选择哪种角度的光线？
3. 在表现山景的立体感和坚毅的质感时，哪种角度的光线比较适合，为什么？
4. 哪种角度的光线最适合表现头发光？
5. 拍摄柔美气质的女孩时，应选择直射光还是散射光？
6. 下面照片哪张照片属于侧光角度拍摄？

第8章 摄影色彩常识

8.1 光线与色彩

物体之所以会有不同的色彩，是由它们对光的吸收和反射形成的，它们将需要的光吸收，把不需要的光反射出来，光被反射到人类的肉眼中就形成了物体的色彩。因此光线与色彩之间也就存在着极大的关联。

例如，在强光照射下，颜色的明度会提高，但其饱和度会降低，反之，如果颜色受光不足，则其明度会降低，饱和度也会适当提高。

另外，如果光线本身有颜色，则会在更大程度上影响被摄体的色彩，更准确地说，即由光线为画面整体赋予的色调。比如上午的时候，画面的色调会偏冷一些，而到了下午或傍晚时分，暖调就会强烈一些。

要拍摄到壮丽的景致，除了挑选一个好的景点外，也要特别关注当地的天气情况，如在多云（不是阴天）的天气下，就更容易拍摄到漂亮的云彩，尤其在山间、海边，在云彩的衬托下，此时往往能够拍摄到非常壮观的景象。

在拍摄风景时，我们也一样要注意利用光线与色彩之间的微妙联系，达到通过恰当地运用色彩，拍摄好照片的目的。

▲ 太阳即将跃出地平线，但阳光已经能够照射在远处的山脉上，并将其染成了金黄色，天空的颜色也发生了很大变化

▲ 太阳刚刚跳出地平线，天边的云彩在阳光的照射下，成为紫红色的朝霞，地面的景物也有部分被照亮，整个画面除了绚丽的富贵感外，还透着一丝神秘

▲ 太阳已经完全升起，蓝天上飘浮着薄薄的云彩，将晴朗天空的感觉表现得很好

8.2 曝光量与色彩

除了光线本身会影响景物的色彩，曝光量也能影响照片中的色彩，即使在相同的光照情况下。

例如，如果拍摄现场的光照强烈，画面色彩缤纷复杂，可以尝试采用过度曝光和曝光不足的方式，使画面的色彩发生变化，比如过度曝光会使画面的色彩变得相对淡雅一些；而如果采用曝光不足的手法，则会让画面的色彩变得相对凝重、深沉。

这种拍摄手法就像绘画时在颜色中添加了白色和黑色，改变原色彩的饱和度、亮度，进而起到调和画面色彩的作用。

▶ 大图是曝光较为正常的情况下，天空、树叶及花朵的色彩非常浓郁；小图有些曝光过度，由于画面较亮，而表现出不太明艳的感觉（焦距：19mm ┊光圈：F14 ┊快门速度：1/200s ┊感光度：ISO160）

8.3 运用对比色

在色彩圆环上位于相对位置的色彩，即对比色。一幅照片中，如果具有对比效果的色彩同时出现，会使画面产生强烈的色彩表现效果，其紧张生动和戏剧性的效果常给人留下深刻的印象。

因此在摄影中，通过色彩对比来突出主体是最常用的手法之一。无论是利用天然的、人工布置的或通过后期软件进行修饰的方法，都可以获得明显的色彩对比效果，从而突出主体对象。

在对比色搭配中，最明显也最常用到的就是冷暖对比。一般来讲，在画面里暖色会给人向前的感觉，冷色则有后退的感觉，这两者结合在一起就会有纵深感，并使画面更具视觉冲击力。

在同一个画面中使用对比色时，如果使画面中每种对比色平均分配画面，非但得不到引人注目的效果，还会由于对比色相互抵消，使画面更加不突出。

▲ 利用冷暖色的对比突出了傍晚天空的彩霞，大景深的画面中晚霞看起来很有气势（焦距：18mm ┊光圈：F9 ┊快门速度：1/20s ┊感光度：ISO100）

8.4 运用相邻色使画面协调有序

在色环上临近的色彩相互配合，如红、橙、橙黄，蓝、青、蓝绿，红、品、红紫，绿、黄绿、黄等色彩的相互配合，由于它们反射的色光波长比较接近，不至于明显引起视觉上的跳动。所以，它们相互配置在一起时，不仅没有强烈的视觉对比效果，而且会显得和谐、协调，使人们得到平缓与舒展的感觉。

可以看出，相邻色构成的画面较为协调、统一，却很难给观赏者带来较为强烈的视觉冲击力，这时则可依靠景物独特的形态或精彩的光线为画面增添视觉冲击力。大部分情况下，对相邻色构成的景象进行拍摄，还是可以获得较为理想的画面效果。

▲ 画面中呈现出逐渐过渡的多种暖色，使画面整体色调看起来十分协调、统一（焦距：35mm ┊光圈：F20 ┊快门速度：4s ┊感光度：ISO100）

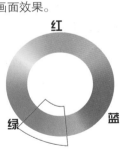

8.5 拍冷暖对比照片的8种方法

冷暖对比是一项较基础、较古老的技巧，然而，它不是简单的、僵化的，而是有着广泛的应用范围和多个扩展维度的。必须熟记它的特性，灵活运用在摄影中。

8.5.1 利用云霞

虽然日出、日落绚烂的朝霞暮影，引得人们争相记录下那些辉煌又易逝的瞬间。然而，不要忽略此时局部的暖光与大面积蓝调的天空也会常常同时出现，在构图中，可以有意识地利用这种冷暖对比以提高作品的艺术表现力。将相机的白平衡模式设为"日光"模式，这样拍摄出来的照片，由于暖光部分所含的红色光谱较多，色温偏低，会比人眼看来更偏红色，感觉更加温暖；同理，蓝天部分也会比人眼看来更加饱和，增强冷的感觉。

▲ 红艳的火烧云与蓝天形成强烈的冷暖对比，画面色彩感非常强烈（焦距：24mm ┆ 光圈：F16 ┆ 快门速度：1/400s ┆ 感光度：ISO100）

8.5.2 利用散射的天光

在晴天阳光的照耀下，通常景物的背光部分由于受蓝色天空反射光的影响，会产生偏蓝的冷调感觉。颜色越浅偏色会更加明显，因此，有经验的摄影师们很会利用处在阴影中的浅色部分表现冷调。例如，在拍摄雪景时，由于雪地的背光面，就非常明显地偏蓝。再利用日出、日落时偏暖的阳光，选择日光白平衡模式，就能获得很好的冷暖对比效果。

学习视频：好照片的双重标准

学习视频：多看优秀绘画作品

▲ 即将落下的夕阳与冷调的雪地形成雅致的冷暖对比（焦距：20mm ┆ 光圈：F16 ┆ 快门速度：1/200s ┆ 感光度：ISO100）

8.5.3 利用室外人工光

当头脑中有了冷暖色的概念，还可以观察生活中的冷暖，例如，户外的路灯，通常路灯有的偏冷、有的偏暖，我们经过观察，有目的地加以利用，就能够形成冷暖对比鲜明的好作品。如果在暖调的路灯下拍摄人像，可以用冷光源进行布光，方法很简单，把闪光灯加蓝色色片。把一张蓝色的荧光色片贴到闪光灯灯头上，设置数码相机上的白平衡为荧光灯模式来获得偏冷调的画面，而且闪光灯和现场光的颜色都会偏冷。反之，在冷调的路灯下，把闪光灯加红色、橙色色片就可以了。

▲ 在暖调灯光点缀的大桥在冷调天空与水面的衬托下非常醒目（焦距：30mm ┊ 光圈：F13 ┊ 快门速度：14s ┊ 感光度：ISO100）

8.5.4 利用长时间曝光

有时，在我们肉眼看来，眼前静止的景物中也许并没有我们要表现的冷暖光，例如，远处的天边根本没有这样明显的彩霞，海边公路上也没有这样明显的红色光流，但是经过长时间曝光，随着云的涌动、车的流动，可以发现画面中暖光的效果被明显地放大了，这就是摄影技巧的魅力。所以，可以尝试使用慢速快门拍摄一些景物，如果需要很长时间的曝光，建议配备一个遥控器或快门线，让相机保持稳定。

▲ 暖调车灯轨迹在蓝调天空的衬托下，仿佛一条金色的丝带缠绕在城市中（焦距：17mm ┊ 光圈：F6.3 ┊ 快门速度：20s ┊ 感光度：ISO100）

8.5.5 利用固有色、光源色、环境色

习惯上把白色阳光下物体呈现出来的色彩效果称为固有色。不过在不同的光源色光照射下物体会呈现不同的色彩，在低色温光（如日出、日落时）照射下会偏红色，在高色温光（如日出前、日落后）照射下会偏蓝色。物体除受主要光源色影响之外，还受周围环境的反射光影响，我们称之为环境色。固有色、光源色、环境色常在同一物体中同时出现并互相影响。拍摄时必须细微观察现场光线，并分析三种色光的相互作用，从而得到想要的画面效果。

▲ 远处冷调的山峦与近处暖调的山峦拉开了画面的空间感，形成明显的对比色（焦距：22mm ┊ 光圈：F14 ┊ 快门速度：1/500s ┊ 感光度：ISO100）

8.5.6 利用室内人工光

室内的人工光相比室外更容易控制，拍摄时首先需要知道这些光源的冷暖。比如，蜡烛、油灯、白炽灯是暖光源，荧光灯是冷光源。其他舞台灯光，可根据现场的色光大致判断冷暖。了解之后，构图时，可以有意地创造冷暖对比效果。其实，一支小小的蜡烛，一盏普通的白炽台灯，傍晚时，远处一个昏黄的窗口，都能提供暖调。只要再寻找到合适的冷调，就能够形成一幅优秀的冷暖对比作品。

▲ 室内的冷调灯光与女孩红色的衣服形成明显的冷暖对比，也衬托着女孩更加清新、可爱（焦距：200mm ┊ 光圈：F3.5 ┊ 快门速度：1/250 ┊ 感光度：ISO100）

8.5.7 利用背景色

拍摄色彩比较平淡的对象时，为了避免画面显得单一，可以考虑为其添加对比色的背景。如果现场没有冷色背景时，可以从背后或侧后方照射与主体色调相对冷调或暖调的光，形成复杂的冷暖对比反射光，来丰富画面的色调。如果背景是白色，也可以把冷调或暖调的光直接照射在背景上。如果使用两种或多种不同饱和度的冷调或暖调的光进行布光，还可以使背景出现更细腻的色彩变化，或者是融合的，或者是渐变的，令人赏心悦目。

▲ 粉色的花卉在蓝天的衬托下显得更加娇艳动人，整个画面看起来也很清新（焦距：20mm ┊ 光圈：F14 ┊ 快门速度：1/320s ┊ 感光度：ISO100）

8.5.8 冷暖色比例控制

色彩的冷暖可以使人感觉进退、凹凸、远近的不同，通常暖色系和明度高的色彩具有前进、凸出、接近的效果，而冷色系和明度较低的色彩则具有后退、凹进、远离的效果。因此，在冷暖对比的画面中，暖色很容易成为主体。即使这部分暖色很小，也能够凸显出来。

因此暖色部分不要大于画面的二分之一，以免削弱冷色部分的烘托作用。当暖色比例过大时，可部分降低其明度、饱和度，削弱暖色的影响。

▲ 在大片冷调云彩中透出来的金色光线显得非常漂亮，也是整个画面的视觉兴趣点（焦距：17mm ┊ 光圈：F16 ┊ 快门速度：10s ┊ 感光度：ISO100）

课后练习与提升

1. 光线对色彩都有怎样的影响？

2. 曝光量对画面有怎样的影响？下面两张照片哪张属于曝光过度的画面？

3. 如何运用颜色营造协调有序的画面效果？

4. 对比色调画面什么特点？

第9章 高级曝光技巧

9.1 测光

9.1.1 曝光与测光的关系

要想准确曝光，前提是必须做到准确测光，使用数码单反相机内置测光表提供的曝光数值拍摄，一般都可以获得准确的曝光。但有时也不尽然，例如，在环境光线较为复杂的情况下，数码相机的测光系统不一定能够准确识别，此时仍采用数码相机提供的曝光组合拍摄的话，就会出现曝光失误。在这种情况下，我们应该根据要表达的主题、渲染的气氛进行适当的调整，即按照"拍摄→检查→设置→重新拍摄"的流程进行不断的尝试，直至拍出满意的照片为止。

▶ 使用了长焦镜头将受光的树叶拉近测光，并使用点测光对其进行测光，再重新构图拍摄，可看出画面中的叶子呈现半透明的效果（焦距：200mm ¦ 光圈：F2.8 ¦ 快门速度：1/200s ¦ 感光度：ISO100）

9.1.2 认识测光

一般数码单反相机的测光系统采用的均为反射式测光方式，即测定被摄体反射回来的光亮度。准确的测光是获得一张成功的照片的关键，是相机对于景物的再现与还原。

按照其测光元件安装的位置不同，可分为内测光、外测光两种；按照测光元件对取景器内景象所测区域范围的不同，则可分为评价测光（佳能）/矩阵测光（尼康）、中央重点平均测光（佳能）/中央重点测光（尼康）、点测光和局部测光（佳能）。摄影师可根据不同的拍摄条件选择不同的测光模式。一般卡片机要通过菜单来设置，而数码单反相机则可以用快捷按钮进行选择。

但是在拍摄时，不能过分依赖相机的自动测光系统，在特殊情况下，相机自动测光会出现不正确的曝光结果，影响画面质量。因此需要摄影师了解测光系统的原理与性能。

▲ Nikon D7200 操作方法：按下 ⊘ 按钮，然后转动主指令拨盘，可以在三种测光模式间切换

▲ Canon EOS 70D 操作方法：按下 ⊘ 按钮，然后转动主拨盘，即可在 4 种测光模式之间进行切换

9.1.3 三种测光模式

1. 矩阵测光（尼康 ▨ ）/评价测光（佳能 ▨ ）

这种测光模式会将较大测光范围内的各种景物的亮度综合，取其平均亮度值，以此作为推荐曝光量或进行自动曝光的依据。当被拍摄场景的光线比较均匀时，使用这种测光方式一般能取得良好的曝光效果，但当画面出现大面积过亮或过暗的区域时，就会导致明显的甚至是严重的曝光不足或曝光过度。

▲ 当拍摄的环境明暗反差较小时，应选择矩阵测光，这也是风光摄影中常用的测光方式（焦距：24mm ¦ 光圈：F11 ¦ 快门速度：1/320s ¦ 感光度：ISO100）

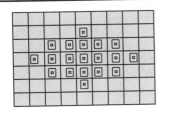

▲ 评价测光模式示意图

2. 中央重点测光（尼康 ▨ ）/中央重点平均测光（佳能 ▨ ）

中央重点测光适合于在明暗反差较大的环境下进行测光，主要是测量取景框画面中央长方形或者圆形（椭圆形）范围内的亮度，画面的其他区域则为平均测光。长方形或圆形（椭圆形）范围外的亮度对测光结果的影响较小，这样可以使主体的曝光正常，还可以照顾到周围环境的影调，拍摄者可以根据构思选择曝光区域并完成测光。

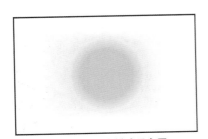

▲ 中央重点平均测光模式示意图

▶ 选择中央重点测光模式得到画面，在主体曝光正常的同时，还可以照顾到周围环境影调（焦距：100mm ¦ 光圈：F2.8 ¦ 快门速度：1/400s ¦ 感光度：ISO100）

3.点测光（尼康▢/佳能▢）

点测光的应用范围很广。它是根据单点来测光的，只对很小的区域准确测光（约占整个画面的3%左右），所以这种测光模式的精准度也很高。

由于点测光的面积非常小，在实际使用时，可以直接将对焦点设置为中央对焦点，这样就可以实现对焦与测光的同步工作了，即先将对焦点设置成为单点对焦，并设置为中央对焦点，接着对要测光的位置半按快门进行对焦及测光，然后按住锁定曝光按钮锁定曝光，再重新进行对焦及构图即可。

▲ 点测光模式示意图

▲ 使用点测光对天空处测光，得到地面景物呈剪影形式的画面，简洁的画面很有形式美感（焦距：200mm ┊ 光圈：F7.1 ┊ 快门速度：1/1600s ┊ 感光度：ISO100）

4.局部测光（佳能▢）

局部测光是佳能独有的测光模式，使用这种测光模式测光时，相机指定的测光区域约占画面的7.7%。当主体占据画面的位置较小，又希望获得准确的曝光时，可以尝试使用该测光模式。

拍摄人像时常用这种测光模式，因为人物在画面中所占的面积相对较大，因此更适合于使用测光区域更大一些的局部测光，而不是中央重点平均测光。

由于测光面积较小，完成测光后，如果要平行移动相机进行二次构图，应该按机身上的*键锁定曝光参数，再进行拍摄。

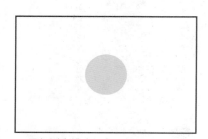

▲ 局部测光模式示意图

▲ 由于人像只占了画面的一部分，因此使用局部测光模式，使画面的层次、模特的肤色都得到了较好的表现（焦距：200mm ┊ 光圈：F6.3 ┊ 快门速度：1/125s ┊ 感光度：ISO400）

9.2 对焦

9.2.1 认识对焦

对焦是成功拍摄的重要前提之一，准确对焦可以让主体在画面中清晰呈现，反之则容易出现画面模糊的问题，也就是所谓的"失焦"。

一个完整的拍摄过程如下。

首先，选定光线与拍摄主体，完成构图操作；

然后，通过操作将对焦点移至被拍摄主体需要合焦的位置上，例如，在拍摄人像时通常以眼睛作用为合焦处；

最后，半按快门启动相机的对焦、测光系统，并完全按下快门结束拍摄操作。

在这个过程中对焦操作起到确保照片清晰度的作用。

▶ 将焦点置于模特的眼睛，不仅可以很好的表现其水汪汪的大眼睛，而且这样拍出来的人像画面最舒服（焦距：85mm ┆ 光圈：F2.8 ┆ 快门速度：1/250s ┆ 感光度：ISO100）

9.2.2 对焦点与照片清晰区域之间的关系

对焦点决定了被拍摄场景中焦平面的位置，同时也使照片的清晰与模糊区域出现了相对明显的分界线。每一个摄影师都必须明白当对焦点在场景中变化时，照片的清晰与模糊区域是如何变化的。

只有这样才能在照片的清晰区域出现在错误位置时，找到合适的解决方法。

▲ 由于对焦位置不同，画面的清晰效果也不同

9.2.3 三种自动对焦模式

相机的对焦模式分为自动与手动对焦两种，前者又包括了单次、连续及自动3种不同的对焦模式，下面分别对它们的作用进行讲解。

▲ Nikon D7200 操作方法：按下 **AF** 模式按钮，然后转动主指令拨盘，可以在三种自动对焦模式间切换。

▲ Canon EOS 70D 操作方法：将镜头上的对焦模式开关设置于 AF 挡，按下机身上的 **AF** 按钮，然后转动主拨盘 或速控拨盘 ，可以在 3 种自动对焦模式间切换。

1.单次伺服自动对焦（尼康）/单次自动对焦（佳能）

使用单次对焦拍摄，半按下快门后就会锁定对象位置，在合焦之后就会停止自动对焦了，这种对焦方式具有较高的准确性，是运用最广泛的自动对焦模式。所以此模式非常适合拍摄建筑及风景等处于静止状态或移动非常缓慢的拍摄对象。佳能相机显示为ONE SHOT，尼康相机显示为AF-S。

▲ 在拍摄静态或运动幅度不大的题材时，使用单次伺服自动对焦模式已完全可以满足拍摄需求

2.连续伺服自动对焦(尼康)/人工智能伺服自动对焦(佳能)

半按快门合焦后,保持半按状态,相机会在对焦中自动切换以保持对运动拍摄对象的准确合焦状态。

如果在此过程中被拍摄对象移动,相机会自动做出调整,以继续保证合焦。佳能相机显示为AI SERVO,尼康相机显示为AF-C。

▲ 无论狗狗是否为运动状态,都应该以连续自动对焦模式进行拍摄,以保证当其奔跑时,也能够随时进行准确对焦(焦距:200mm 光圈:F5.6 快门速度:1/640s 感光度:ISO400)

3.自动伺服自动对焦(尼康)/人工智能自动对焦(佳能)

适用于无法确定拍摄对象是静止或运动状态的情况。此时相机自动根据拍摄对象是否运动来选择是单次对焦还是连续对焦。佳能相机显示为AI FOCUS,尼康相机显示为AF-A。

▶ 在拍摄台上的舞者时,使用自动伺服自动对焦模式可以随着舞者的动作变化而迅速改变对焦,以保证获得焦点清晰的画面(焦距:200mm 光圈:F10 快门速度:1/500s 感光度:ISO800)

9.2.4 手动对焦

手动对焦指人为手动改变对焦环，实现画面对焦的过程。使用手动对焦对人眼观察画面对焦虚实的判断和对相机的熟练掌控有着较高的要求。

当画面中的主体处于杂乱的环境中时，或者画面中明暗对比较大、反差较低的情况下，是无法满足自动对焦需要的，所以就需要使用手动对焦功能。此外，如要拍摄极为精致的小物件也需要使用手动对焦。

▲ Nikon D7200 操作方法：在机身上将 AF 按钮扳动至 M 位置上，即可切换至手动对焦模式

▲ Canon EOS 70D 操作方法：将镜头上的对焦模式切换器设为 MF，即可切换至手动对焦模式

▲ 虽然跳蛛位于画面的左侧，可以通过手选跳蛛位置的对焦点，精确控制对焦点的位置，以获得准确的对焦效果（焦距：160mm ┆光圈：F3.5 ┆快门速度：1/200s ┆感光度：ISO100）

9.3 直方图

9.3.1 认识直方图

很多摄影爱好者都会陷入这样一个误区，液晶显示屏上的影像很棒，便以为真正的曝光效果也会不错，但事实并非如此。这是由于很多相机的显示屏还处于出厂时的默认状态，显示屏的对比度和亮度都比较高，令摄影者误以为拍摄到的影像很漂亮，感觉照片曝光正合适，但在电脑屏幕上观看时，却发现拍摄时感觉还不错的照片，暗部层次却丢失了，即使是使用后期处理软件挽回部分细节，效果也不是太好。

解决这一问题的方法就是查看照片的"直方图"（尼康）/"柱状图"（佳能），通过查看直方图/柱状图所呈现的效果，可以帮助拍摄者判断曝光情况，并据此做出相应调整，以得到最佳曝光效果。

右侧的界面中红框所标的即为直方图/柱状图，其中水平轴上的每条竖线表示照片中每个亮度级别上的像素数量，某一定亮度级别上的像素数量越多，该位置的线条越高。

亮度直方图/柱状图适合比较关心曝光准确度的用户，可以了解图像的曝光量倾向。RGB直方图/柱状图适合比较关心色彩饱和度的用户，可以了解色彩的饱和度和渐变情况以及白平衡偏移情况。

要注意的是直方图/柱状图只是我们评价照片曝光是否准确的重要依据，而非评价好照片的依据，针对一些特殊的摄影题材，曝光过度或曝光不足，反而可以呈现出独特的视觉感受，因此不能以此作为评价照片优劣的标准。

▲ Nikon D7200 操作方法：在机身上按下▶按钮播放照片，按下▲或▼方向键切换至RGB直方图或概览显示界面

▲ Canon EOS 70D 操作方法：按下▶按钮，查看拍摄的照片，按下INFO.按钮切换显示格式，调整到柱状图显示

▶ 边观察柱状图边拍摄，有利于拍摄出曝光合适的夜景画面（焦距：20mm 光圈：F22 快门速度：10s 感光度：ISO100）

9.3.2 五种典型直方图

1.曝光不足时的柱状图

当曝光不足时，照片中会出现无细节的死黑区域，画面中丢失了过多的暗部细节，反映在柱状图上就是像素主要集中于横轴的左端（最暗处），并出现像素溢出现象，即暗部溢出，而右侧较亮区域少有像素分布，故该照片在后期无法补救。

▲ 柱状图中线条偏左且溢出，说明画面曝光不足（焦距：35mm ┊ 光圈：F6.3 ┊ 快门速度：1/250s ┊ 感光度：ISO100）

2.曝光正确时的柱状图

当曝光正确时，照片影调较为均匀，且高光、暗部或阴影处均无细节丢失，反映在柱状图上就是在整个横轴上从最黑的左端到最白的右端都有像素分布。

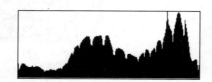

▲ 曝光正常的柱状图，画面明暗适中，色调分布均匀（焦距：135mm ┊ 光圈：F2.8 ┊ 快门速度：1/400s ┊ 感光度：ISO100）

3.曝光过度时的柱状图

当曝光过度时，照片中会出现死白的区域，画面中的很多细节都丢失了，反映在柱状图上就是像素主要集中于横轴的右端（最亮处），并出现像素溢出现象，即高光溢出，而左侧较暗的区域则无像素分布，故该照片在后期也无法补救。

▲ 柱状图右侧溢出，说明画面中高光处曝光过度（焦距：45mm ┊ 光圈：F3.5 ┊ 快门速度：1/250s ┊ 感光度：ISO100）

4.低调照片的柱状图

由于低反差暗调照片中有大面积暗调，而高光面积较小，因此在其柱状图上可以看到像素基本集中在左侧，而右侧的像素则较少。

▲ 柱状图中线条偏左且溢出，此为低调照片柱状图的特点（焦距：100mm ┆光圈：F2.8 ┆快门速度：1/250s ┆感光度：ISO400）

5.高调照片的柱状图

高调照片有大面积浅色、亮色，反映在柱状图上就是像素基本上都出现在其右侧，左侧即使有像素其数量也比较少。

▲ 柱状图中线条偏右，左侧只有少量像素，此柱状图与曝光过度的柱状图类似（焦距：65mm ┆光圈：F6.3 ┆快门速度：1/250s ┆感光度：ISO100）

9.4 曝光补偿

9.4.1 认识曝光补偿

相机的测光原理是基于18%中性灰建立的，数码单反相机的测光主要是由场景物体的平均反光率确定的。除了反光率比较高的场景（如雪景、云景）及反光率比较低的场景（如煤矿、夜景），其他大部分场景的平均反光率都在18%左右，而这一数值正是灰度为18%物体的反光率。因此，可以简单地将测光原理理解为：当所拍摄场景中被摄物体的反光率接近于18%时，相机就会做出正确的测光。

数码单反相机都提供了曝光补偿功能，即可以在当前相机测定的曝光数值的基础上，做增加亮度或减少亮度的补偿性操作，使拍摄出来的照片更符合真实的光照环境。

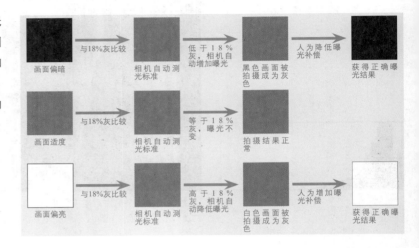

9.4.2 曝光补偿的表示方法

由于数码单反相机是利用一套程序来对不同的拍摄场景进行测光，因此在拍摄一些极端环境，如较亮的白雪场景或较暗的弱光环境时，往往会出现偏差。为了避免这种情况的发生，需要通过增加或减少曝光补偿（以EV表示）使所拍摄景物的亮度、色彩得到较好的还原。

曝光补偿通常用类似"+1EV"的方式来表示。"EV"指曝光值，"+1EV"指在自动曝光基础上增加1挡曝光；"-1EV"指在自动曝光基础上减少1挡曝光，依此类推。目前，大部分新型数码单反相机都可支持-5.0EV~+5.0EV的曝光补偿范围，并以1/3级为单位调节，这就使曝光补偿的调整更加精确了。

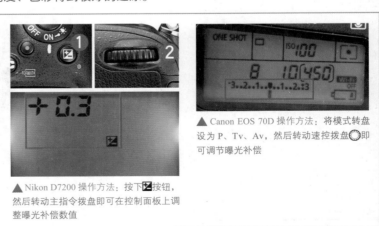

▲ Nikon D7200操作方法：按下🔆按钮，然后转动主指令拨盘即可在控制面板上调整曝光补偿数值

▲ Canon EOS 70D操作方法：将模式转盘设为P、Tv、Av，然后转动速控拨盘◎即可调节曝光补偿

9.4.3 曝光补偿的运用

在调整曝光补偿时,应当遵循"白加黑减"的原则进行拍摄。例如在拍摄雪景的时候一般要增加1~2挡曝光补偿的设置,这样拍出的雪比没用曝光补偿前要白亮许多。

在拍摄剪影的时候经常会用到曝光补偿,因为有些时候天气还没有完全变暗,拍摄时可根据需要减0.7~2挡的曝光补偿,以达到所需要的剪影效果。

▲ 加 0.7 挡的曝光补偿后,正确地还原出了雪的洁白感(焦距:17mm ┊光圈:F11 ┊快门速度:1/100s ┊感光度:ISO100)

▲ 在拍摄花朵时,为了使花朵更加突出,选择了较暗的拍摄背景并且在曝光时减少了 0.3 挡曝光补偿,以暗色来衬托鲜艳的花朵(焦距:120mm ┊光圈:F3.5 ┊快门速度:1/125s ┊感光度:ISO100)

9.4.4 深入理解曝光补偿的原理

许多摄影初学者在刚接触曝光补偿时，以为使用曝光补偿可以在曝光参数不变的情况下，提亮或加暗画面，这实际上是错误的。

实际上，曝光补偿是通过改变光圈与快门速度来提亮或加暗画面的。即在光圈优先模式下，如果增加曝光补偿，相机实际上是通过降低快门速度来实现的；反之，则是通过提高快门速度来实现的。

在快门优先模式下，如果增加曝光补偿，相机实际上是通过增大光圈来实现的（直至达到镜头所标明的最大光圈），因此当光圈达到镜头所标明的最大光圈时，曝光补偿就不再起作用；反之，则是通过缩小光圈来实现的。

下面通过两组照片及其拍摄参数来佐证这一点。

▲（焦距：50mm｜光圈：F1.4｜快门速度：1/10s｜感光度：ISO100｜曝光补偿：+1EV）

▲（焦距：50mm｜光圈：F1.4｜快门速度：1/50s｜感光度：ISO100｜曝光补偿：+0.7EV）

▲（焦距：50mm｜光圈：F1.4｜快门速度：1/80s｜感光度：ISO100｜曝光补偿：0EV）

▲（焦距：50mm｜光圈：F1.4｜快门速度：1/100s｜感光度：ISO100｜曝光补偿：-0.3EV）

从上面展示的4张照片中可以看出，在光圈优先曝光模式下，改变曝光补偿，实际上是改变了快门速度。

▲（焦距：50mm｜光圈：F4｜快门速度：1/4s｜感光度：ISO100｜曝光补偿：-0.3EV）

▲（焦距：50mm｜光圈：F3.5｜快门速度：1/4s｜感光度：ISO100｜曝光补偿：0EV）

▲（焦距：50mm｜光圈：F2.5｜快门速度：1/4s｜感光度：ISO100｜曝光补偿：+0.7EV）

▲（焦距：50mm｜光圈：F2｜快门速度：1/4s｜感光度：ISO100｜曝光补偿：+1EV）

从上面展示的4张照片中可以看出，在快门优先曝光模式下，改变曝光补偿，实际上是改变了光圈大小。

9.5 包围曝光

包围曝光是一种使用不同曝光组合连续拍摄 3 张照片的方法，使用这种拍摄技术，可以提高获得正确曝光照片的成功率。在开启自动包围曝光功能后，相机将会按照设置好的曝光量连拍 3 张。如果设定的曝光补偿值是 0.3，那么所拍摄的 3 张照片曝光值分别是：第 1 张为 −0.3 挡曝光补偿；第 2 张为正常曝光；第 3 张为 +0.3 挡曝光补偿。在相机菜单中可以设置拍摄时的曝光顺序，即可以是正常、不足、过度，也可以是不足、正常、过度。

在拍摄大光比的风光摄影作品，例如日出日落场景时，如果没有把握通过设置光圈、快门速度、白平衡等参数获得准确的曝光，就应该使用包围曝光的手法一次性拍摄出 3 张不同曝光组合的照片，最后从中选择出令人满意的照片。

另外，在拍摄需要使用中灰镜降低天空与地面反差的场景时，也可以利用包围曝光的技术手段，从 3 张照片中选择天空曝光准确的照片与地面曝光准确的照片，然后通过后期处理技术将其合成为一张完美的照片。

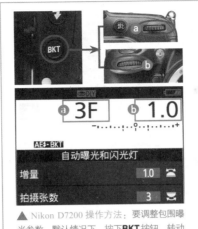

▲ Nikon D7200 操作方法：要调整包围曝光参数，默认情况下，按下 **BKT** 按钮，转动主指令拨盘可以调整拍摄的张数 ⓐ；转动副指令拨盘可以调整包围曝光的范围 ⓑ

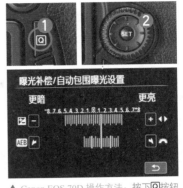

▲ Canon EOS 70D 操作方法：按下 Q 按钮显示速控屏幕，点击选择曝光量指示标尺，点击 ◀ 或 ▶ 图标或转动主拨盘可设置自动包围曝光的范围

▶ 在光线转瞬即逝的环境中拍摄时，如果不能确定拍摄效果，又怕错失良机，可以利用包围曝光模式进行拍摄，再从中选取曝光合适的画面

9.6 锁定曝光

若想锁定被摄体在某种拍摄环境下的测光数据，就需要使用到相机上一个很重要的部件——曝光锁，这样有利于我们在复杂的光线条件下获得准确的曝光。例如，在拍摄剪影画面时，可对准画面较亮的位置测光，锁定曝光后，再重新构图进行拍摄，一般都能使画面获得准确曝光。

▲ Nikon D7200 操作方法：按下 AE-L/AF-L 按钮即可锁定曝光和对焦

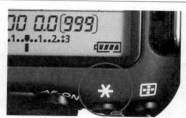
▲ Canon EOS 70D 操作方法：按下自动曝光锁按钮，即可锁定当前的曝光

使用曝光锁可以避免重新构图时受到新光线的干扰而影响画面效果，常用于逆光风景照的拍摄，也适用于点测光场合。

锁定曝光的设置方法：

尼康相机可以按下AE-L/AF-L按钮，默认情况下，可以同时锁定对焦及测光数据。若想改变锁定的对象，如仅锁定曝光或仅锁定对焦等，可重新指定此按钮的功能。

佳能相机可以按下机身上的自动曝光锁按钮✱，即可锁定当前的曝光。

▲ Nikon D7200 的对焦屏

▲ Canon EOS 70D 的对焦屏

▲ 在拍摄此照片时，先是对位置❶人物面部半按快门进行测光，然后释放快门并按下✱或 AE-L/AF-L 按钮锁定曝光，然后重新对位置❷人物眼睛进行对焦并拍摄，从而得到了正确曝光的画面（焦距：175mm ┆ 光圈：F3.5 ┆ 快门速度：1/200s ┆ 感光度：ISO100）

9.7 白平衡

9.7.1 认识白平衡

白平衡设定是针对拍摄现场光源色温进行的设定，目的是让被摄体色彩能准确地拍摄在照片上，白平衡设置的误差，会导致照片严重偏色。如果有需要，可以调节白平衡来改变画面的颜色，以达到自己想要的照片效果。

目前，数码单反相机中都带有各种不同的白平衡预设及自定义白平衡功能，以满足不同环境下的拍摄需求。此外，中高端的数码单反相机还提供了手调色温功能，从而充分满足用户更为细致的白平衡设置需求。

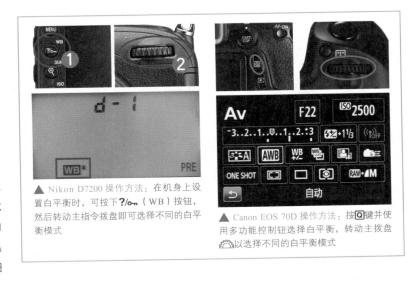

▲ Nikon D7200 操作方法：在机身上设置白平衡时，可按下 ?/o→（WB）按钮，然后转动主指令拨盘即可选择不同的白平衡模式

▲ Canon EOS 70D 操作方法：按 Q 键并使用多功能控制钮选择白平衡，转动主拨盘以选择不同的白平衡模式

以下是以尼康D7200相机中的白平衡预设为例，列出的其所有的白平衡选项及相应的色温和说明。

选项		色温	说明
AUTO自动	自动	3500 ~ 8000K	相机自动调整白平衡。为了获得最佳效果，请使用G型或D型镜头。若使用内置或另购的闪光灯，相机将根据闪光灯闪光的强弱调整效果
	标准		
	保留暖色调颜色		
	白炽灯	3000K	在白炽灯灯光下使用
荧光灯	钠汽灯	2700K	在钠汽灯照明环境（如运动场所）下使用
	暖白色荧光灯	3000K	在暖白色荧光灯照明环境下使用
	白色荧光灯	3700K	在白色荧光灯照明环境下使用
	冷白色荧光灯	4200K	在冷白色荧光灯照明环境下使用
	昼白色荧光灯	5000K	在昼白色荧光灯照明环境下使用
	白昼荧光灯	6500K	在白昼荧光灯照明环境下使用
	高色温汞汽灯	7200K	在高色温光源（如水银灯）照明环境下使用
	晴天	5200K	在拍摄对象处于直射阳光下时使用
	闪光灯	5400K	在使用内置或另购的闪光灯时使用
	阴天	6000K	在白天多云时使用
	背阴	8000K	在白天拍摄处于阴影中的对象时使用
	K选择色温	2500 ~ 10000K	从列表值中选择色温
	PRE 手动预设	-	使用拍摄对象、光源或现有图片作为白平衡的参照

9.7.2 预设白平衡

相机常见的白平衡模式有自动模式、日光模式、阴天模式、钨丝灯模式和荧光灯模式等，用户可以根据拍摄时光源的种类进行选择。

在一般情况下，使用自动白平衡模式就可以获得不错的效果。如果在特殊光线条件下，自动白平衡模式不够准确，此时，应根据不同光线条件来选择不同的白平衡模式。

▲ 自动白平衡：可以实现准确的色彩还原，所以非常适合摄影初学者使用。但是对于一些复杂光线条件下的拍摄，使用自动白平衡拍出的画面色彩会偏色，尤其是在阴天或以各种人造光拍摄时

▲ 日光白平衡：适合在晴朗的天气下户外拍摄，在拍摄对象处于阳光直射状态下使用可以取得精准的色彩还原

▲ 白炽灯白平衡：也称为钨丝灯白平衡，通常用于由灯泡照明的环境中，比如在家里、个别餐厅。白炽灯的特点决定了不太适合拍摄风光，但是不排除个别摄影爱好者进行创意色彩方面的创作

▲ 荧光灯白平衡：适合在荧光灯光照条件下使用。荧光的类型有冷白和暖白两种，拍摄者必须首先确定拍摄场合的荧光到底是哪一类，再对相机进行白平衡设置才能取得更佳的拍摄效果

▲ 阴天白平衡：适合在阴天或多云天气以户外光线拍摄，由于阴天时，色温较高，使用阴天白平衡可以恢复正常色温效果，它更适合于较弱光线下的物体色调还原，从而实现更精准的色彩饱和度

▲ 阴影白平衡：适合在晴天的阴影中使用，因此时的色温较高，色调偏冷，所以使用此白平衡可以恢复画面的色彩。但如果是应用于其他环境下，尤其是夕阳、晴天时，可以增加画面的暖调效果

9.8 认识色温

为了应对在复杂光线环境下拍摄的需要，数码单反相机为色温调整白平衡模式提供了2500K~10000K的调整范围，最小的调整幅度为100K。用户可以根据实际色温进行精确的调整。

在预设的白平衡模式中，预设色温比手动调整的范围要小一些，因此，当需要一些比较极端的效果时，预设的白平衡就显得有些力不从心，此时就可以手工进行调整。

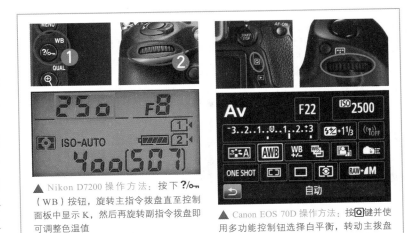

▲ Nikon D7200 操作方法：按下 ?/⌐ （WB）按钮，旋转主指令拨盘直至控制面板中显示 K，然后再旋转副指令拨盘即可调整色温值

▲ Canon EOS 70D 操作方法：按 Q 键并使用多功能控制钮选择白平衡，转动主拨盘 以选择色温

学习视频：人眼与摄影眼之间的区别

▲ 利用手调色温在同一个地方拍了两张不同色彩的画面（焦距：100mm｜光圈：F16｜快门速度：10s｜感光度：ISO100）

课后练习与提升

1. 光比较大时，为得到剪影画面需什么哪种测光模式？

2. 拍摄动静不定的被摄对象时，应设置哪种对焦模式？

3. 如何利用直方图来判断画面的曝光？

4. 下面两张直方图，哪一张是曝光过度的直方图？

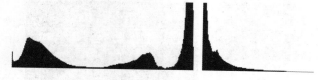

5. 从"白加黑减"的角度讲解一下曝光补偿的设置原则？

6. 在光线较复杂的环境中拍摄时，在相机上如何锁定当前曝光？

7. 阴天拍摄时，为了纠正画面偏色的现象可预设哪种白平衡模式？

第10章 人像摄影要点

10.1 人像摄影的曝光设置

10.1.1 灵活设置快门速度拍摄动静不定的人像

从模特的角度来说,如果是静态摆姿拍摄,那么将快门速度设为1/8s左右就可以成功拍摄——当然,在这种情况下,很难达到安全快门的速度,因此最好使用三脚架,以保证拍摄到清晰的图像。

如果是拍摄运动人像,那么应根据人物的运动速度来确定快门速度。多数情况下,使用1/250s的快门速度已经可以成功抓拍运动人像了。

▶ 拍摄人像时可根据被摄者的状态设置快门速度,确保画面的清晰度(焦距:165mm ┊光圈:F8 ┊快门速度:1/250s ┊感光度:ISO200)

10.1.2 通过增加曝光补偿拍出白皙皮肤的人像

曝光补偿是在相机测得的曝光组合基础上增减曝光量,以获得需要的画面效果,是微调画面曝光量的方法。

拍摄人像时,在获得正常曝光的基础上,适当地增加1/3~2/3挡的曝光补偿,可以使模特的皮肤比正常曝光条件下要白皙、柔滑许多,而且皮肤上的一些小瑕疵也能淡化。

▶ 增加曝光补偿后可使画面亮度提高,使模特的皮肤看起来更加白皙、娇嫩(焦距:85mm ┊光圈:F1.2 ┊快门速度:1/256s ┊感光度:ISO320)

10.1.3 灵活运用白平衡表现真实色彩的人像

通常情况下，使用预设的阴天、阴影、荧光灯等白平衡，就可以满足各种情况下人像摄影色彩还原真实的需求，若有特殊或精确的要求，也可以通过手动调整色温值的方式进行精确设置。例如，在棚内拍摄时，就可以根据灯具的色温，在相机上进行相应的设置。

另外，有些情况下，并不是将色彩还原为正常状态就是最好的选择，还可以尝试使用其他的白平衡模式，来获得不同的色彩效果。例如，在室内环境拍摄时，使用阴天或阴影白平衡可以得到温馨的暖色调画面，也很受广大摄影师和美女们的青睐。

▲ 在影棚中拍摄人像时，通常以准确还原色彩为基准来设置白平衡（焦距：60mm ┆光圈：F10 ┆快门速度：1/250s ┆感光度：ISO200）

10.1.4 适当提高感光度拍摄暗光环境中的人像

在光线比较暗的条件下拍摄人像时，若使用低感光度设置，快门速度会变得较慢，可能会由于拍摄时相机的抖动而使画面的清晰度受到很大影响。

所以，在光线条件比较暗而又不想使用闪光灯的情况下，可以将相机的感光度数值调高一些，每提高一挡感光度，快门速度也会随之增加一倍，这对于在光线较暗的条件下拍摄人像的意义非常重大。

▲ 室内拍摄时，由于环境中的光线较暗，因此常使用较高的感光度进行拍摄（焦距：320mm ┆光圈：F6.3 ┆快门速度：1/250s ┆感光度：ISO1600）

10.2 人像摄影常用画幅形式

10.2.1 利用横画幅构图表现环境人像

横画幅的画面比较开阔，比较适合拍摄人物与环境一体的人像照片。采用这样的画幅形式拍摄人像时，可包含较多的环境信息。横画幅也是拍摄群体人像的首选画幅形式。

▲ 横画幅构图使得画面容纳了人物上半身以及手的动作，并很好地交代了人物所处环境的信息（焦距：100mm ┆ 光圈：F3.5 ┆ 快门速度：1/200s ┆ 感光度：ISO200）

10.2.2 利用竖画幅构图突出人像身材

竖画幅也就是竖长方形构图，这种画幅形式是拍摄人像常用的一种构图方式。竖画幅更加强调画面中的垂直因素以及画面的纵深度，无论是拍摄全身人像还是半身人像，都可以采用这种形式，可以更好的表现被摄者的身材。

学习视频：糖水片什么样

▲ 利用竖画幅构图很好地表现了模特修长的腿，其修长的身材非常漂亮（焦距：45mm ┆ 光圈：F6.3 ┆ 快门速度：1/250s ┆ 感光度：ISO400）

10.3 人像摄影常用构图方法

10.3.1 斜线构图

斜线构图在人像摄影中经常用到。当人物的身姿或肢体动作以斜线的方式出现在画面中，并占据画面足够的空间时，就形成了斜线构图方式。斜线构图所产生的拉伸效果，对于表现女性修长的身材或者对拍摄对象身材方面的缺陷进行美化具有非常不错的效果。

▲ 模特的臀部与撑起的上半身形成 S 形，很好的凸显了模特的身材，倾斜相机使模特在画面中以斜线出现可避免画面呆板，画面给人很惬意、舒适的感觉（焦距：135mm ┆光圈：F3.5 ┆快门速度：1/250s ┆感光度：ISO100）

10.3.2 S 形构图

在拍摄女性人像时，可采用 S 形构图来表现女性独有的柔美及性感的特质，此站姿的要点是身体重心放在左脚上，抬起的手臂要一高一低，错落有致，这样才不会影响身体曲线的展现。具体在拍摄时身体弯曲的线条朝哪一个方向以及弯曲的力度大小都是有讲究的（弯曲的力度越大，表现出来的力量也就越大）。所以，在人像摄影中，用来表现身体曲线的 S 形线条的弯曲程度都不会太大，否则被摄对象要很用力，影响到其他部位的表现。

▶ S 形构图通常采用竖幅的方式，从人物侧面表现女性性感、妩媚的气质（焦距：70mm ┆光圈：F2.8 ┆快门速度：1/250s ┆感光度：ISO100）

10.3.3 三分法构图

三分法构图利用了黄金分割构图的定律,在其基础之上进行简化,达到人眼视觉效果最舒服的一种状态。三分构图法在人像摄影中是最常用也是最实用的构图方法,这种构图可以给读者视觉上的愉悦感和生动感。三分法构图可分为横向三分法和纵向三分法两种。

三分法的每一条分割线上都可安排模特的躯干,而将人物的脸部或眼睛置于其四个交汇点中的一个点上,则能够更加鲜明地突出人物主体。

▲ 利用三分构图的方式表现坐在草地上的模特,这样既可使画面感觉舒服,还很具有美感(焦距:180mm ┆ 光圈:F3.2 ┆ 快门速度:1/500s ┆ 感光度:ISO100)

10.3.4 框式构图

运用框式构图拍摄人像就是利用前景形成实际的框架或者是人眼视觉上所产生的"框"将人物主体框起来,使视觉中心全部集中到主体人物身上,起到了视觉强化的作用。

▲ 利用前景中的篱笆小门作为画面中的框架,使人物在画面中更加突出(焦距:80mm ┆ 光圈:F2.8 ┆ 快门速度:1/200s ┆ 感光度:ISO100)

10.4 人像摄影中前景的重要性

10.4.1 利用前景烘托主体、渲染气氛

利用前景虚化来衬托场景、突出主体也是一种非常重要的表现形式,与背景虚化相仿,同样可以采取虚化的方式将前景进行模糊,将前景贴近或靠近镜头,使用大光圈将前景虚化的方式不但可以突出主体,还可以使画面变得更加梦幻、柔美。

此外可以充分利用前景物体作为框架,形成框式构图,这种构图方法能够使画面的景物层次更丰富,加强了画面的空间感,还能够装饰性的美化画面,增强画面的形式感。

在具体拍摄时,常常可以考虑用窗、门、树枝、阴影、手等来为被摄体制作"画框",拍摄后得到"犹抱琵琶半遮面"的意境。

▲ 以逆光下呈透明感的茅草为前景,衬托着画面很有文艺范儿(焦距:30mm 光圈:F8 快门速度:1/250s 感光度:ISO100)

10.4.2 利用前景加强画面的空间感和透视感

在拍摄人像时，可以利用前景呈像大、色调深的特点，与远处景物形成体量的大小对比或者色调的深浅对比，强化画面的空间感，这实际上也是透视原理在摄影中的具体应用，而且由透视原理可以推断出，前景与人物在画面中所占的面积比例相差越大，则画面的空间感越强。

▲ 利用大光圈将前景、背景虚化，不但突出了人物，画面整体给人一种梦幻、柔美的感觉（焦距：105mm ┆ 光圈：F2.8 ┆ 快门速度：1/160s ┆ 感光度：ISO200）

10.4.3 通过模糊前景使模特有融入环境的感觉

除了用背景来装饰画面外，前景也是衬托场景气氛一种非常重要的形式，可以采取虚化的方式将前景进行模糊，从而突出人物主体。

在户外拍摄时这种拍摄手法很常用，例如可以让模特身处芦苇丛、野花丛之中，通过虚化前景使模特与环境混融一体，为画面添加和谐的感觉。

◀ 前景中大片的油菜花与远景中正在亲吻恋人形成呼应，都表现了对生活的美好愿望（焦距：135mm ┆ 光圈：F2.8 ┆ 快门速度：1/200s ┆ 感光度：ISO100）

10.5 拍出浅景深唯美人像

要拍出背景虚化的唯美人像，使用大光圈是最简单的方法之一，此外，还可以使用下面介绍的几个方法。

10.5.1 长焦镜头获得浅景深营造层次感

想要获得浅景深，除了大光圈以外，拍摄者还可以通过长焦镜头来获得。镜头的焦距越长，景深越浅；焦距越短，景深越深。根据这个规律，拍摄者在拍摄时可以使用长焦镜头来获得想要的浅景深效果。拍摄人像时，如果长焦镜头配合大光圈使用，效果会更好，不但可以得到较浅的景深，还可以虚化掉不利于画面的元素，使画面虚实对比更强烈，使被摄者更加突出。

▲ 使用长焦镜头拍摄可以使画面背景虚化，将人物安排在画面三分线上，使主体突出（焦距：185mm ┆ 光圈：F3.5 ┆ 快门速度：1/320s ┆ 感光度：ISO100）

10.5.2 靠近模特拍出虚化背景

想要获得浅景深，让背景得到虚化，最简单的方法就是在模特和背景距离保持不变的情况下，让相机靠近模特。这样可以轻易获得浅景深的效果，人物较突出，背景也得到了自然虚化。

但需要注意在实际的拍摄过程中，有些模特会因为离镜头太近，而感觉很不自在，故表情和姿势都会不自然，这样拍摄出的照片很难获得理想的效果。这时候，摄影师需要与模特进行沟通和交流，使模特放松，在模特慢慢放松的时候，迅速按下快门。

▶ 通过两张画面的对比可以看出，距离模特较远的画面，背景虚化不是很明显，而靠近模特拍摄的画面，背景虚化效果非常明显（焦距：200mm ┆ 光圈：F4 ┆ 快门速度：1/400s ┆ 感光度：ISO100）

10.5.3 模特远离背景拍出虚化的背景

在相机位置不变的情况下,安排模特与背景保持一定的距离,也一样可以获得完美的浅景深效果。简单来说,模特离背景越远,就越容易形成浅景深,从而获得更大的虚化效果。

▲ 模特与环境有很好地互动,但由于离背景过近,所以背景虚化不是很理想

▲ 模特与背景保持一定距离后,画面中的背景虚化很显著,很好地突出了主体人物(焦距:200mm│光圈:F4│快门速度:1/200s│感光度:ISO100)

10.5.4 选择合适的背景

选用了错误的背景也是造成无法虚化的原因之一,例如背景是蓝天或白色的墙壁等,即使使用上述三种方法都不可能实现漂亮的虚化效果;而选择绿色树木、花草、游乐园等有色彩的景物为背景时,使用上述三种方法后虚化效果便可轻松实现。

▲ 平视拍摄时,被照亮的道路为背景,虚化效果不明显

▲ 换个角度拍摄以绿树为背景,得到漂亮虚化背景(焦距:150mm│光圈:F2.8│快门速度:1/500s│感光度:ISO200)

学习视频:前景吸引

学习视频:功夫在诗外

10.6 怎样判断四肢的取舍是否正确

有很多初学摄影的朋友在拍摄人像摄影时，会出现"残肢断臂"的现象，给人感觉非常不舒服，而怎样判断什么样的裁切才是正确的呢？

这些被称为"残肢断臂"的照片一般是从被摄者四肢的关节中间位置断开的，或者断开的位置正好是人物关键位置，给人戛然而止的感觉，这些错误的裁切会影响主体与画面的表现，而导致了"残肢断臂"的现象发生。

一些有经验的摄影师可以经过大胆的裁切使画面非常有冲击力，但初学者因为对构图不够了解，任意的取舍很可能会造成画面的缺失感，给观者造成错觉。所以初学者在没有刻意要表现的重点时，可以在构图时先把模特的四肢拍摄完整，等待后期进行二次构图时反复推敲，细细琢磨到底哪里该取，哪里该舍，这样既可以锻炼对画面的取舍能力，又可以得到不错的画面。

▲ 以全景构图表现，有效地避免了对四肢的裁切，很好的展示了模特的形体（焦距：90mm ┊ 光圈：F2.8 ┊ 快门速度：1/800s ┊ 感光度：ISO200）

▲ 人物的胳膊关节被裁掉，容易使对其产生错觉，而手中的道具也无法完整表现，给人感觉十分不舒服。再有，人物视线的方向没有留白，画面给人感觉非常堵塞

学习视频：一个有趣的练习

10.7 不同角度光线拍摄人像的技巧

10.7.1 美化人物肌肤的顺光

顺光拍摄人像也就是人物被摄面面对光源，光线直接从正面射来，人物被摄面的全部或者大部分区域都成为受光面，受光较为均匀，不会有特别明显的阴影，可使人物面部皮肤在视觉上显得白净、柔嫩。

▶ 顺光角度拍摄碧水畔边的女孩时，使用评价测光即可得到曝光合适的画面，明亮的画面给人一种清新、淡雅的感觉（焦距：135mm ┆ 光圈：F6.3 ┆ 快门速度：1/250s ┆ 感光度：ISO200）

10.7.2 表现人物立体感的前侧光

前侧光集合了侧光与顺光的优点，并且稍微回避了两者的不足，是一种相对比较常用的人像光线。前侧光位于顺光与侧光之间，即被摄者正面到被摄者左右两边90°角间的任意位置，最标准的为45°夹角。前侧光不但可以大面积地照射被摄体正面，同时因为其与被摄者存在着夹角，所以能在画面中形成明暗对比，从而使被摄者的脸部看起来很立体。

所以这种光位被非常广泛地运用在人像摄影中，不仅面部受光均匀，还能让五官的立体感突出，是拍摄人像的理想光线。

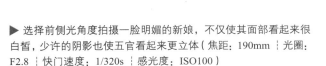

▶ 选择前侧光角度拍摄一脸明媚的新娘，不仅使其面部看起来很白皙，少许的阴影也使五官看起来更立体（焦距：190mm ┆ 光圈：F2.8 ┆ 快门速度：1/320s ┆ 感光度：ISO100）

10.7.3 强调人物形体的逆光

在逆光下拍摄人像照片可以得到两类效果都十分漂亮的照片,其一是当该逆光被作为主要光源拍摄时,会获得形式美感强烈的深暗剪影效果的照片;其二是当该逆光被作为次要光源拍摄时,则以轮廓光的形式出现,会在被摄人物之上勾勒出较为明亮的轮廓线条,增加画面的艺术美感,营造画面气氛。拍摄时注意逆光表现人像时,由于明暗差距较大,为避免背景过亮,应使用点测光对背景测光后,再使用反光板或闪光灯对其面部进行补光。

▲ 黄昏时分拍摄的逆光人像,对模特身体的受光部进行测光,并使用反光板为面部补光,得到曝光合适的人像画面(焦距:135mm ┊ 光圈:F2.5 ┊ 快门速度:1/200s ┊ 感光度:ISO500)

10.7.4 展现人物轮廓的侧逆光

在侧逆光下拍摄人像时,画面整体偏暗,主体人物之上受光线照射的亮部较少,但能在被摄人物的受光照射一侧产生清晰的轮廓线,不仅将人物曼妙线条精美的勾勒出来,而且使其与背景分离,从而在画面中更好地被突显出来。

▲ 侧逆光角度拍摄人像时,使用点测光对其受光处进行测光,得到有轮廓光效果的人物画面,好看的轮廓光不仅将其头发轮廓勾勒的很好看,还使其与灰暗的背景分离(焦距:50mm ┊ 光圈:F2 ┊ 快门速度:1/1000s ┊ 感光度:ISO400)

10.7.5 利用顶光突出表现人物发质

顶光是指投射方向来自被摄人物头顶正上方的光线。顶光拍摄的反差较强烈,拍摄人像时会使眼睛和鼻子下产生浓重的阴影,不利于人物刻画。这种光线不常单独使用,应配合其他方向的辅助光源使用。

▶ 顶光使被摄者的头部变得有立体感,头发质感表现的丝丝分明,而虚化的背景衬托着其金色的发卷很有异国的浪漫情调(焦距:135mm ┊ 光圈:F3.2 ┊ 快门速度:1/640s ┊ 感光度:ISO200)

10.8 夜景人像的拍摄技巧

也许不少摄影初学者一提到在夜间人像的拍摄，首先想到的就是使用闪光灯。没错，夜景人像的确是要使用闪光灯，但也不是仅仅使用闪光灯如此简单，要拍好夜景人像还得掌握一定的技巧。

拍摄夜景人像最简单的方法是使用数码相机的"夜景人像"模式。在相机的模式转盘上选择该模式后，相机会自动对各项参数进行优化，使之有利于拍摄到更好的夜景人像。当然，这是一种全自动的拍摄模式，我们无法根据自己的表达要求来调整相机的各种参数。

使用高级拍摄模式拍摄夜景人像，可以由摄影师主动掌握拍摄效果。首先开启闪光灯，选择慢速同步闪光，在此模式下，相机在闪光的同时会设定较慢的快门速度，闪光灯对人物进行补光，而较慢的快门速度使主体人物身后的背景也有很好的表现。不过"慢速同步闪光"模式只支持程序自动模式和光圈优先模式。

由于拍摄夜间人像经常要用较慢的快门速度，所以拍摄前一定要准备好一个三脚架，这样就可以放心地使用较慢的快门，也能拍摄到清晰的照片了。

◀ 使用闪光灯拍摄夜景人像时，设置了较低的快门速度，得到的画面中背景变亮，看起来更美观（焦距：200mm ┊ 光圈：F2.8 ┊ 快门速度：1/160s ┊ 感光度：ISO100）

学习视频：营造视觉焦点的技巧

◀ 虽然使用大光圈将背景虚化，可以很好的突出人物主体，但由于人物穿的是黑色服装，很容易融进暗夜里，第二张画面中背景被处理成漆黑一片，毫无美感

课后练习与提升

1. 如何设置相机，使画面中的女孩皮肤看起来更加白皙？

2. 能使模特更加融入环境的拍摄技巧？

3. 拍摄浅景深的人像有哪几种方法？

4. 哪种光线下可使模特的五官看起来更加立体？

5. 拍摄夜景人像时如何进行补光？

6. 下面两张照片中哪张属于逆光人像。

第11章 风光摄影要点

11.1 风光摄影的4字诀

11.1.1 守时

同一地点如九寨沟、黄山、长城等地的风光,四季四景,每一个季节都有不同的拍摄主题与侧重。因此为了拍摄具有典型性的风光照片,要详细分析每一个风光景地四季之景的特色,恰当地把握时机。

除了季节之分,一天之中的光线也会因为时间不同而塑造出不同的景色。找对了时间,也就找到了自己要拍摄的景物所需要的光线。要拍摄到优秀的风光作品,"起早贪黑"是最基本的前提条件,日出与日落时分正是拍摄的最佳时机。

▲ 夕阳下漂亮的火烧云铺满天空,摄影师使用低水平线构图表现这一场景,并减少曝光补偿来增加了画面的色彩饱和度(焦距:16mm 光圈:F16 快门速度:10s 感光度:ISO10)

11.1.2 现势

势即指画面的气势和气质,在拍摄前不妨好好感受一下景物带给你的感觉,是温婉、宁静,或是汹涌、磅礴等,然后再通过综合运用构图、光线等手段,将这种感觉记录下来。正所谓"远取其势",拍摄时可以多用全景、环境留白等景别及构图手法。

▲ 摄影师采用广角镜头结合高速快门将冲浪的人定格在画面中,翻滚着浪花的冲浪画面看起来很有气势(焦距:28mm 光圈:F20 快门速度:1/1000s 感光度:ISO100)

11.1.3 表质

所谓的"质"即指景物的质感和肌理。自然界中的每个景物都有其独特的质感,在拍摄风光时,很重要的一个标准就是要充分表现出景物的质感,正所谓"近取其质",拍摄时可以多用特写、近景等景别。

◀ 强光下拍摄枯树的枝干,岁月留下的斑驳痕迹在蓝天背景的衬托之下显得特别突出,画面传达出一种百折不挠的力量感和张力(焦距:23mm ¦ 光圈:F4.5 ¦ 快门速度:1/320s ¦ 感光度:ISO100)

11.1.4 塑形

"摄影是减法的艺术"这句话在风光摄影中显得更为重要。对于风光而言,面对的被摄对象是固定的,不能改变或移动,因此,摄影师必须通过尝试运用不同的视角、不同的景别、不同的焦距,结合多样的摄影技术来将被摄景物最美的形态呈现出来。

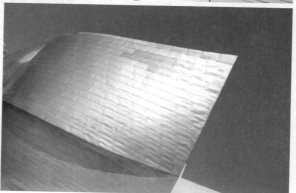

▲ 摄影师利用不同的表现形式拍摄的建筑,每一张都彰显建筑不同的美感

11.2 风光摄影中的四低原则

在拍摄风光题材时，一定要做到"四低"，即低饱和度、低对比度、低感光度和低曝光量，这样能够使自己的作品水准更上一层楼。

11.2.1 低饱和度

低饱和度设定是为了获得更宽色域范围，使照片中的色彩层次更丰富。尤其是在用RAW格式拍摄时，虽然拍摄出来的照片感觉没有多少层次，但经过后期调整，就能够展现出丰富、厚重的色调，前后反差之大令人惊奇，而效果则令人非常满意。

◀ 在拍摄风光照片时，采用较低的饱和度设置有利于后期的调整，虽然拍摄的原片并不出色，但经过调整后的效果竟出人意料（焦距：25mm ┊ 光圈：F10 ┊ 快门速度：1/30s ┊ 感光度：ISO100）

11.2.2 低对比度（低反差）

照片的对比度越大，中间层次越少，照片的影调层次就越不丰富。采用低对比度的拍摄设定，是为了保证照片有丰富的中间过渡影调，使照片中的黑、白、灰层次丰富，为后期调整保留最大的余地。

◀ 低对比度的设置使得画面在后期调整后获得了非常震撼的效果（焦距：200mm ┊ 光圈：F4 ┊ 快门速度：1/250s ┊ 感光度：ISO100）

11.2.3 低感光度

虽然，类似于Canon EOS 70D（Nikon D7200）这样的相机，在使用高感光度时照片的画质仍然比较出色，但对于一名对照片画质要求苛刻的风光摄影师而言，这样的画质也仅仅是"比较出色"，距离"出色"仍有一定的距离。

因此，如果要获得最优秀的画质，要坚持使用最低的可用感光度。

▲ 拍摄夕阳时，使用低感光度获得了细腻的画质，优秀的画质也有利于岸边石头质感的表现（焦距：70mm ┆ 光圈：F4.5 ┆ 快门速度：1/100s ┆ 感光度：ISO100）

11.2.4 低曝光量

当使用JPEG格式拍摄风光作品时，一定要坚持宁欠勿曝的原则。因为，一旦画面"过曝"，过曝光的部分就会成为一片空白，在画面中没有任何像素点，因此，在后期处理中也不可能调整出任何色彩和影调层次。如若适当"减曝"（减得也不可过分），高亮的区域表现表现，暗调区域虽然看上去漆黑一片，但暗部影调层次都"隐藏其中"，这样的照片可以在后期处理时，通过调整得到一定的影调层次。

但如果使用的是RAW格式拍摄风光作品，则反而要坚持宁曝勿欠的原则，当然这里的"曝"与"欠"，都必须把握一定的度，不可"太过"。

▶ 拍摄此照片时遵循了宁欠勿曝的原则，使画面中的景物都保有层次，通过后期调整，获得了出色的画面效果（焦距：30mm ┆ 光圈：F20 ┆ 快门速度：1/12s ┆ 感光度：ISO100）

11.3 拍摄山景的技巧

11.3.1 利用大小对比突出山的体量感

1. 寻找合适的陪体

想要表现山的雄伟气势及壮观效果,最好的方法就是在画面中加入人物、房屋、树木等对象作为参照物来衬托山川,从而通过以小衬大的对比手法,使观者能够准确地推测出山的体量。

2. 利用广角镜头拍摄

由于广角镜头视野宽广,可纳入较多的景物,因此通常应该使用广角镜头进行拍摄,以得到气势宏大的画面,并与纳入画面中的人、树、屋等小景形成明显的大小对比。

▲ 以俯视的角度拍摄群山,漫山的树木在画面中看起来特别渺小,将山峰的体量衬托得尤为宏大(焦距:24mm ┊ 光圈:F16 ┊ 快门速度:1/160s ┊ 感光度:ISO100)

学习视频:8种风光摄影技巧

11.3.2 利用不同的光线来表现山脉

1. 逆光突出山的线条感

采用逆光拍摄山脉，由于山的主体隐藏在阴影中而使其体积感变弱，在画面中只显示出山脉起伏的形体轮廓。拍摄这样的照片时，应对天空较亮的区域进行测光，以便最大限度地保留天空的细节，压暗地面景物的亮度，使它更接近于剪影的效果，在层次丰富的天空衬托下，山的轮廓显得更清晰、鲜明。

在拍摄时应注意选择轮廓线条有特点的山脉或山体的局部进行表现，如果此时天空中有漂亮的云彩，则能够使画面更丰富、漂亮。

▲ 采用逆光拍摄群山，在天空的映衬下山峰呈现为黑色的剪影，天边的光芒照亮了成片的树林，远处的群山与之形成了明暗对比，这种形式增加了画面的空间感，也很好地表现出了群山优美的线条（焦距：79mm ┊ 光圈：F16 ┊ 快门速度：1/320s ┊ 感光度：ISO100）

2. 侧逆光表现层次感

在侧逆光的照射下，山体往往有一部分处于光照之中，因此不仅能够表现出明显的轮廓线条，还能显现山体的少部分细节，并能够在画面中形成漂亮的光线效果，会将山峦表现得很有层次感，因此比逆光更容易出效果。

▲ 在侧逆光的照射下，山峦呈现出深浅不一的颜色，虽然是剪影形式的画面，但借助于山峦的层次感将画面表现得很有形式美感（焦距：175mm ┊ 光圈：F9 ┊ 快门速度：1/1000s ┊ 感光度：ISO100）

3. 侧光拍摄日照金山的效果

如果要拍摄日照金山的效果，应该在日出时分以侧光光位进行拍摄。此时，金色的阳光会将雪山顶渲染成金黄色，但由于阳光没有照射到的地方还是很暗的，因此，如果按相机内置侧光表测量的曝光参数进行拍摄，由于画面的阴影部分面积较大，相机会将画面拍得比较亮，造成曝光过度，使山头的金色变淡。

要拍出金色的效果，就应该根据白加黑减的曝光补偿原理，减少曝光量，即向负的方向做0.5至1挡曝光补偿。

如果希望在突出山体轮廓感的同时展现其局部细节，可以选择侧逆光拍摄，此时山体面向相机的一侧几乎处于阴影之中，只有一小部分受光，并形成漂亮的轮廓光，从而突出画面的空间感和立体感。

▲ 山脉和天空同处在一片蓝色之中，大山的右侧被阳光照亮，呈现出金黄的色泽，使得画面顿时增添了神秘的色彩（焦距：190mm ┊ 光圈：F8 ┊ 快门速度：1/320s ┊ 感光度：ISO1000）

11.4 拍摄大海的技巧

11.4.1 拍摄海景时可纳入前景丰富画面元素

1. 利用前景为海面增添生机

单纯拍摄水面时，空洞的水面没有什么美感。因此在取景时，应该注意在画面的近景处安排水边的树木、花卉、岩石、桥梁、小舟、水鸟等，能够避免画面单调，为画面增添生机。

▲ 面对一片平静的大海时，也许会觉得太过枯燥。但前景处出现玩耍的人们时，可为画面增添不少生机感，也会使人的内心澎湃起来，利用高速快门将其清晰地定格在画面中（焦距：75mm｜光圈：F4.5｜快门速度：1/1250s｜感光度：ISO100）

2. 利用前景加强海面纵深感

在拍摄水面时，如果没有参照物，不容易体现水面的纵深空间感。可将前景中的景物也纳入画面中，通过近大远小的透视对比效果表现出水面的开阔感与纵深感。为了获得清晰的近景与远景，应该使用较小的光圈进行拍摄。在拍摄时应该利用镜头的广角端，这样能够使前景处的线条被夸张，从而使画面的透视感、空间感变强。

例如，在前景中安排长长的栈桥或长条形礁石，均能够增加画面的纵深感。

学习视频：从身边事物拍起

▲ 采用较低的拍摄视角以增强前景处岩石在画面中的视觉透视效果，不仅加强了画面张力，还增加了画面的纵深感（焦距：19mm｜光圈：F20｜快门速度：20s｜感光度：ISO100）

11.4.2 高、低海平线及无海平线构图

1. 利用高海平线表现前景

在拍摄海面时经常用到水平线构图，此时海平线则成为画面中非常重要的一条分割线。如果拍摄时前景处有漂亮的礁石、鹅卵石或小船，需要特意突出，可以将海平线安排在画面的上三分之一处，这种构图有利于突出画面的前景部分。

2. 利用低海平线表现天空美景

如果天空中有漂亮的云霞、飞鸟、太阳，可以将海平线安排在画面的下三分之一处，使天空在画面中占大部分面积。通常不建议将海平线放在画面中间的位置，这种构图看上去略显呆板，而且画面有分裂的感觉。

3. 利用无海平线构图突出海上景象

除了上述安排海平线的方法外，也可以采取俯视角度拍摄使画面中完全不出现海平线，这样海面就成为纯粹的背景，从而突出表现海面上的视觉中心点。

▲ 高水平线构图使天空的可视范围缩小，海面的可视范围增加，从而也增强了大海的纵深感（焦距：17mm ┊ 光圈：F13 ┊ 快门速度：6s ┊ 感光度：ISO100）

▲ 几乎居于画面中间的海平线使天空与地面的景物都有所表现，画面给人宁静的感觉（焦距：19mm ┊ 光圈：F10 ┊ 快门速度：2s ┊ 感光度：ISO100）

▲ 在这幅无海平线构图的作品中，远景处的海水波光粼粼，近景处的海水则波澜不惊，动静皆宜，同时两只惬意的鸭子也起到了平衡画面的作用（焦距：24mm ┊ 光圈：F5.6 ┊ 快门速度：1/800s ┊ 感光度：ISO100）

学习视频：四位摄影大师分析

11.4.3 表现飞溅的浪花

巨浪翻滚拍打岩石的画面有种惊心动魄的美感，要想完美地表现出这种惊涛拍岸卷起千堆雪的感觉，一定要注意几个拍摄要点。

1. 寻找合适的拍摄场景

在拍摄时要寻找有大块礁石而且海浪湍急的区域，否则浪花飞溅的力度感较弱，但在这样的区域拍摄时一定要注意自身安全。所选礁石的色彩最好黝黑、深暗一些，以便于与白色的浪花形成明暗对比。

2. 使用长焦镜头拍摄

为了更好地表现浪花，应该使用长焦镜头以特写或近景景别进行拍摄，并在拍摄时使用三脚架，以保证拍摄时相机保持稳定。

3. 控制快门速度

在拍摄时使用不同的快门速度，能够获得不同的画面效果。使用高速或超高速快门，能够将浪花冲击在礁石上四散开来的瞬间记录下来，使画面产生较大的张力。如果使用1/125s左右的中低快门速度，则可以将浪花散开后形成的轨迹线条表现出来，在拍摄时要注意控制礁石在画面中的比例，使画面有刚柔对比的效果。

▲ 使用长焦镜头结合高速快门拍摄，将海边飞溅起的浪花定格下来，画面极富动感，在拍摄时需把握好浪花飞溅的节奏（焦距：200mm ┊ 光圈：F1 ┊ 快门速度：1/640s ┊ 感光度：ISO100）

11.5 拍摄湖泊的技巧

11.5.1 拍摄水中倒影

在拍摄湖泊时，水中倒影在许多场景中常常被摄影者纳入镜头，如果利用得当，则能够创作出优美漂亮的画面。

1. 寻找合适的水域

选择理想的水域，是拍摄水面倒影的首要条件，很显然，只有借助干净的水面，才可以拍摄出细节清晰、色彩鲜明的倒影。

2. 选择色泽明快的表现对象

被摄实景对象最好是本身有一定的反差，外形又有分明的轮廓线条，这样水中的倒影就会格外明快、醒目。在选择被摄主体时，忌如下两种情况：一是选择色泽灰暗的被摄对象，如果原本色泽就灰暗的主体，倒影反映出来的影像会更加灰暗；二是景物重叠，如果景物之间相互重叠，外形没有明显的轮廓线条，形成的倒影会显得更加杂乱无章，画面也不可能明快。

3. 考虑光位对倒影的影响

顺光下景物受光均匀，采用这种光位拍摄，可以得到倒影清晰并且色彩饱和的画面，但缺少立体感。采用逆光拍摄的时候，景物面对镜头之面受光少，大部分处于阴影下，因而影像呈剪影状，不但倒影本身不鲜明，而且色彩效果比效差。相比而言，采用侧光拍摄的时候，景物具有较强的立体感和质感，同时也能够获得较为饱和的色彩。

▲利用水平构图不仅可以将湖泊宽阔的气势呈现出来，还可使整个画面看起来舒展、稳定，给观者带来宽阔、安宁的感受（焦距：27mm ┊ 光圈：F16 ┊ 快门速度：1/160s ┊ 感光度：ISO100）

4. 控制曝光量

由于物体反射率的原因,水面反映的景物倒影总不如上面的实景明亮。实景与倒影上明下暗的亮度差异,对曝光的控制提出了较高要求。一般来说,倒影与实景相比,亮度差大约为 1 挡曝光量,也就是说倒影的亮度比实际景物低 1 级光圈。

若以实际景物为主要表现对象,可以根据实景的亮度来确定曝光;如果觉得倒影更为重要,在曝光时可在对实际景物测光的基础上再增加 0.5 挡曝光补偿,使倒影曝光微欠 0.5 挡,而实景曝光略过 0.5 挡,二者得到兼顾。还可以使用中性渐变灰镜,能缩小甚至拉平实景与倒影曝光量的差异。

5. 水波影响倒影扭曲程度

平静的水面能够如实地将景物反映出来,水面越是平静,所形成的倒影越清晰,有时候可以形成倒影与实际景物几乎毫无二致的画面。特别是一些环境幽静、人迹罕至的水域,倒影更是迷人。由于微风吹拂、水流潺动、鱼游鸟动、舟船等各种自然或人为因素的存在,多数情况下水面是不会如镜面一般风平浪静的。

因此,只要有水波,倒影就会扭曲:水波的大小直接决定着影像的扭曲程度。这种流动感效果的倒影,无时无刻不在变幻,且没有固定的规律,只有适时抓取才能获得理想的影像。

此外,如果流动的水波(如溪水有节律的波纹)和人为的搅动(如石子溅起的圈圈涟漪)交织在一起形成倒影,可以有着千变万化的复杂表现形式。这种莫测的变化之美,更有利于拍摄者主观能动性的发挥。

▲ 选择空气通透,阳光充足的时候拍摄湖泊,可将湛蓝的天空也纳入画面,与湖面的倒影构成一幅美轮美奂的画面(焦距:46mm ┆ 光圈:F5.3 ┆ 快门速度:1/100s ┆ 感光度:ISO800)

11.5.2 表现通透、清澈的水面

通过在镜头前方安装偏振镜,过滤水面反射的光线,将水面拍得很清澈透明,使水面下的石头、水草都清晰可见,这也是拍摄溪流、湖景的常见手法,注意拍摄时必须寻找那种较浅的水域。清澈透明、可见水底的水面效果,很容易给人透彻心扉的清凉感觉,这种拍摄手法不仅能够带给观众触觉感受,还能够丰富画面的构图元素。

如果水面和岸边的景物,如山石、树木明暗反差太大而无法同时兼顾,可以分别以水面和岸边景物为测光对象拍摄两张照片,再通过后期合成处理得到最终所需要的照片,或者采取包围曝光的方法得到三张曝光级数不同的照片,最后合成为一张照片。

▲ 在能见度比较高的天气拍出的倒影才会比较清晰,拍摄时在镜头前安装偏振镜可以避免偏振光的干扰,水面的通透感会比较好(焦距:18mm ┆ 光圈:F8 ┆ 快门速度:1/500s ┆ 感光度:ISO100)

11.6 拍摄瀑布的技巧

11.6.1 避免在画面中纳入过多天空部分

在拍摄瀑布时，有时会采用仰视角度，此时注意不要在画面中纳入过多天空，因为拍摄瀑布时通常要进行长时间曝光，但这将导致画面的天空部分过曝，在画面中表现为白色或灰白色，影响画面的美观程度。

▲ 以稍俯视的角度拍摄的瀑布，因此避免了画面中出现明亮差距较大的天空，即使经过长时间曝光，画面中也没有出现过曝的现象（焦距：139mm ┆ 光圈：F11 ┆ 快门速度：17s ┆ 感光度：ISO100）

11.6.2 通过对比表现瀑布的体量

通过已认知事物的体量来判断未知事物的体量，是人类认识事物的一般规律。这种方法也可以运用在摄影中。拍摄瀑布时在画面中安排游人、游艇等物体，即可通过对比来表现瀑布的体量。

为了更好地表现瀑布的体量，在拍摄时应该使用广角镜头，采用远景的景别进行构图，从而在画面中充分体现瀑布的全貌。

▲ 青山绿树环绕着的白色的瀑布飞奔直下，通过画面下方几个游人和瀑布的对比，可判断出瀑布的庞大气势（焦距：20mm ┆ 光圈：F13 ┆ 快门速度：1/20s ┆ 感光度：ISO100）

11.6.3 竖画幅表现瀑布的垂落感

通常落差越大的瀑布，其周边弥漫的水汽也越浓，这是由于瀑布上方的水流经过较大的落差垂落后，砸在下面的水面、岩石上形成的水汽，因此在拍摄瀑布时，不仅要表现宽阔、壮观的瀑布，还要表现出其重逾千斤的垂落力度。

要表现瀑布的垂落感，竖画幅是最佳的选择，采用这种画面拍摄瀑布，可使瀑布水流看上去更有冲击力。

在构图取景时一定要将瀑布的源头纳入画面，否则就会给人无源之水的感觉，减弱了画面的整体感。

▶ 采用竖画幅构图表现了山间瀑布垂落的效果，山涧绿枝相扶，向远处望去，只见洁白如雪的瀑布飞泻而下（焦距：24mm ┊ 光圈：F16 ┊ 快门速度：12s ┊ 感光度：ISO100）

11.6.4 利用宽画幅表现宽阔的瀑布

在干旱的北方，很少有大型瀑布，而在雨水充沛的南方，体量较大的瀑布却并不少见，如著名的黄果树瀑布、德天瀑布等，尤其是德天瀑布，即使乘坐中型旅游观光船前去观赏，也仍然会感觉到人类在自然面前的渺小。而如果要拍摄尼亚加拉那样的超大型瀑布，使用超宽画幅是最好的选择。

要拍摄上述横向跨度较大的瀑布，应该充分利用广角镜头以宽画幅甚至超宽画幅，以便于表现宽大的瀑布或瀑布群，并使画面有开阔的视野。

▲ 利用宽画幅表现了瀑布宽阔的气势（焦距：14mm ┊ 光圈：F9 ┊ 快门速度：3s ┊ 感光度：ISO100）

11.7 拍摄溪流的技巧

11.7.1 不同角度拍出溪流不同的精彩

在拍摄溪流、瀑布时，不一定非要使用广角镜头，有时也可以使用中长焦镜头。从溪流、瀑布中找出一些小的景致，也能够拍摄出别有一番风味的作品。特别是当溪流、瀑布的水流较小、体积不够大时，就可以尝试使用中长焦镜头，沿着溪流、瀑布前行，以便找到较为精彩的画面。

在构图时应该将重点放在造型或质感较为特殊的石头上，从而使坚硬的石头与柔软的流水形成鲜明的对比，如果能够在画面中加入苔藓或落叶，则更能够增强画面的生动感。

▲ 山间的溪流向低洼处流淌，小溪周围的石块布满苔藓，画面清新自然。采用稍仰视角度拍摄，可使画面看起来更有空间感（焦距：27mm ┊ 光圈：F16 ┊ 快门速度：10s ┊ 感光度：ISO100）

11.7.2 准确控制曝光量

在拍摄溪流时控制曝光量非常重要，因为在整个画面中既有反光率较高的流水，也有反光率较低的岸边植被、石块、树木等，因此如果不能够很好地控制曝光量，很可能导致流水过曝或反光率较低的区域过于深暗。在拍摄时应考虑这两个部分在画面中的比例，以 1/3 级曝光量为调整步长，逐步调整曝光参数，通过反复尝试完成设置曝光参数的工作，直至拍摄出令人满意的作品。

▲ 通过较长时间的曝光得到的溪流呈白色丝绸的效果，在绿植的衬托下画面非常清新（焦距：19mm ┊ 光圈：F13 ┊ 快门速度：8s ┊ 感光度：ISO100）

11.7.3 通过动静对比拍摄溪流

要使拍出的溪流画面更耐看，必须处理好画面的动静对比关系，即画面中的溪流必须有流畅、飘逸的动感，而其他环境构成元素，如树干、石头必须在画面中有稳重、扎实的静止感，这样的画面才能在对比中给人沉稳、厚重的感觉，只有这样才能使画面如梦如幻、诗意盎然。如果画面上全是实景，会给人以呆板之感；反之，画面中的景物全虚，会令人感到空虚、轻浮。要使画面虚实得当，主要依靠控制相机的快门速度，为了显示溪流的动势，使流水看起来轻柔飘逸，感觉起来更虚化，必须使用慢速快门，快门速度越慢，溪流越有流动感，常用的快门速度为 1/2 秒至 1 秒，甚至可以长达几秒。

▲ 表现溪流流动的感觉时，可通过纳入旁边的石块与其形成动静对比（焦距：30mm ┊ 光圈：F11 ┊ 快门速度：7s ┊ 感光度：ISO100）

11.8 拍摄日出日落的技巧

11.8.1 正确的曝光是成功的开始

1. 使用点测光模式

在拍摄日出日落时，较难掌握的是曝光控制，此时天空和地面的亮度反差较大，如果对准太阳测光，太阳的层次和色彩会有较好的表现，但会导致云彩、天空和地面景物曝光不足，呈现出一片漆黑的景象；而对准地面景物测光，会导致太阳和周围的天空曝光过度，从而失去色彩和层次。正确的测光方法是使用点测光模式，对准太阳附近的天空进行测光，这样不会导致太阳曝光过度，而天空中的云彩也有较好的表现。

2. 设置曝光补偿

为了保险，可以在标准曝光数值的基础上，增加或减少一挡或半挡曝光补偿，再拍摄几张照片，以增加挑选的余地。如无把握，不妨使用包围曝光，以避免错过最佳拍摄时机。

3. 使用三脚架

一旦太阳开始下落，光线的亮度将明显下降，很快就需要使用慢速快门进行拍摄，这时若用手托举着长焦镜头会很不稳定。因此，拍摄时一定要使用三脚架。

4. 灵活调整曝光参数

在拍摄日出时，随着时间的推移，所需要的曝光数值会越来越小；而拍摄日落则恰恰相反，所需要的曝光数值会越来越大，因此在拍摄时应该注意随时调整曝光参数。

学习视频：出错与献丑可能是初学者常态

▲ 霞光倒映在海面上，波光闪闪；太阳即将隐去，天边还留有一抹金黄色。减少一挡曝光补偿后，使画面中的天空看起来十分绚丽，地面上的景物则呈现为漂亮的剪影效果（焦距：39mm ┆ 光圈：F9 ┆ 快门速度：1/800s ┆ 感光度：ISO100）

11.8.2 利用陪体为画面增添生机

1. 寻找合适的陪体

从画面构成来讲，在拍摄日出日落时，不要直接将镜头对着天空，这样拍摄出来的照片显得单调。可选择树木、山峰、草原、大海、河流等景物作为前景，以衬托日出与日落时特殊的氛围。尤其是以树木、船只、游人等作为前景时，可以使画面显得更有生机与活力。

2. 选择合适的视角

由于在日出或日落时拍摄，大部分景物会被表现成为剪影，因此一定要选择合适的视角进行拍摄，以避免所选择的陪体与背景的剪影相互重叠，使观者无法清晰地分辨出不同景物的轮廓。

▲ 以逆光拍摄夕阳西下的景象，把前景处湖面上的游人也纳入画面，减少曝光补偿使其呈现为剪影形式，不但为画面增添了活力，也增添了夕阳西下落幕的气氛（焦距：24mm ┊ 光圈：F4.5 ┊ 快门速度：1/1250s ┊ 感光度：ISO100）

学习视频：让照片有情绪

11.9 拍摄雪景的技巧

11.9.1 通过明暗对比使画面层次更丰富

拍摄雪景时要选择和安排好画面中的景物，通过明暗对比使画面的层次更丰富。由于积雪常常淹没或者部分淹没地面上的一些物体，因此在画面中雪地所占的比例通常要大于其他物体，在色调上表现为浅颜色所占的比例大于其他颜色。因此，如果不注重雪中景物的选择和安排，拍摄出来的画面就会显得平淡，缺乏层次和深度感。

在拍摄大面积雪景时，在构图时必须在画面中安排色调偏深的建筑物、树木、山石、人、鸟、船等元素来活跃画面，使画面浅中有深，显得有变化与层次。另外，如果拍摄的场景中有人或动物活动的痕迹，在不显得零乱的前提下，应该将其安排在画面中，以增加画面的层次、色调对比和线条结构，使画面显得更加丰富、生动、活泼。

▲ 当大雪覆盖天地间的万物时，整个世界好像披上了洁白的外衣，如童话世界一般，让人心生向往。在拍摄时降低角度将天空也纳入画面中，衬托着白雪更加洁白，也为画面增添了色彩感（焦距：23mm ┆ 光圈：F11 ┆ 快门速度：1/500s ┆ 感光度：ISO100）

11.9.2 逆光突出雪的颗粒感

在拍摄雪景时，除了要保证准确曝光外，光线的选择也十分重要，理想的光线是早、晚的斜射阳光，侧光或逆光均有助于表现出白雪晶莹透亮的质感和立体感。

如果拍摄的是挂在树枝或茅草上的小块积雪，在逆光的照射下，雪的周围就好像被镶上了一圈闪亮的轮廓线一样，显得晶莹剔透，此时应选用暗色背景以增强明暗对比效果。

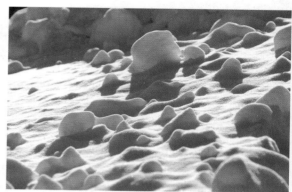

▲ 侧逆光下雪的粗糙颗粒质感表现得很明显，同拍摄的画面层次丰富、空间立体感十足（焦距：200mm ┆ 光圈：F5.6 ┆ 快门速度：1/500s ┆ 感光度：ISO200）

11.9.3 拍摄高调雪景风光照片

高调照片中的影调绝大部分为浅色，适合表现雪景等以白色为基调的题材。高调照片虽以浅色调为主，但仍要求有丰富的层次。

1. 选择顺光或漫反射光

用顺光或漫射光拍摄。这样的光照效果可使画面的影像较柔和、反差较小，画面中没有明显的阴影部分。

2. 增加曝光补偿提亮画面

为还原雪景洁白效果应增加曝光量。在正常测光值的基础上，视具体情况增加0.3～1挡曝光补偿，使画面整体明亮一些。

3. 控制光比得到细节丰富的高调画面

为了避免细节损失过多，还应控制画面的光比。光比控制在1：2以内为宜，光比过大会使画面的高光部分层次损失殆尽，从而使高调照片看上去惨白一片。

4. 利用重色调点缀画面

在画面中一定要出现颜色较鲜艳或色调较暗的影像。这一部分影像在画面中起着"骨架"的作用，是画面的视觉焦点，是画面飘而不浮的关键。

▲ 在拍摄时选择了有大面积白雪覆盖的大山和树木，加上亮色天空的衬托及适当增加曝光补偿，是一幅不错的冬季高调画面（焦距：22mm ┆ 光圈：F16 ┆ 快门速度：1/100s ┆ 感光度：ISO100）

11.10 树木的拍摄技巧

11.10.1 利用树林里的光影增强画面空间感

当阳光穿透林间时，树木会在地上留下复杂的光影。太阳越低，影子越长。

此时，用广角镜头拍摄，镜头中可以纳入更多的地面上的投影，还能让树影产生变形效果，形成放射状，从而使画面的视觉效果集中，增强画面空间感。

▲ 以逆光拍摄覆盖着厚厚白雪的树林，并将其影子也纳入画面中，利用透视效果可增加画面的空间感（焦距：18mm ┊ 光圈：F16 ┊ 快门速度：1/160s ┊ 感光度：ISO200）

11.10.2 采用逆光表现优美的树木剪影轮廓

每一棵树都有其独特的外形，或苍枝横展，或垂枝婀娜，这样的树均是很好的拍摄题材，摄影师可以在逆光的位置观察这些树，从中找到轮廓线条优美的拍摄角度。

为了确保树木的轮廓呈现出剪影效果，拍摄时应该用点测光模式对准光源周围进行测光，以便使树木由于曝光不足而形成暗黑色的剪影。

▲ 以纯净的天空作为背景逆光拍摄树木，将其剪影衬托得更加优美、清晰，富于艺术感（焦距：90mm ┊ 光圈：F20 ┊ 快门速度：1/1000s ┊ 感光度：ISO100）

11.10.3 利用逆光拍摄树木的剪影效果

除了密林中的树木外,许多生长在草原等较空旷地方的树木都可以采用轮廓线的表现手法,使画面呈现有鲜明的轮廓线条形式的美感。

要拍摄出这样的效果,应该在清晨或傍晚迎着太阳进行拍摄,应该用点测光模式对准天空中较亮的位置进行测光,从而使地面的树木由于曝光不足呈现出剪影轮廓线条,如果拍摄的场景中树木的前方有较大的活动空间,则树木在光线下会拖出一条条长长的树影,不仅使画面有了极佳的光影效果,而且还能够增强画面的空间感。

▲ 逆光角度拍摄,以剪影的形式突出树木的形体美感,在蓝色天空的衬托下完美地勾勒出树木的线条轮廓,也使得画面中呈现出极佳的光影效果(焦距:120mm ┊ 光圈:F10 ┊ 快门速度:1/1000s ┊ 感光度:ISO100)

11.10.4 选择合适的角度拍摄雾凇

拍摄雾凇的角度最好选择在侧面,因为只有在侧面观看,树枝呈现的状态才是一侧有雾凇、另一侧没有的状态。因此,拍摄后的照片中有雾凇的一侧能够清晰地勾勒出树、树枝的轮廓、伸展姿态,就像在树枝外侧镶上了一层白玉般的装饰,使树枝如银雕玉琢,并与没有雾凇的树枝暗部产生鲜明的对比,使照片的层次丰富、立体感强。

▲ 俯视拍摄银装素裹的景象,使用渐变镜压暗蓝天可更突出雾凇的纯净(焦距:20mm ┊ 光圈:F11 ┊ 快门速度:1/250s ┊ 感光度:ISO200)

11.11 拍摄花卉的技巧

11.11.1 利用广角镜头拍出花海的气势

1. 选择制高点俯视花海

与拍摄单个花朵相比，拍摄花海更容易让摄影师有成就感。首先要找一个能够俯瞰花海的制高点，这样有利于纳入更多的花卉。且在构图时要注意避免出现单纯拍摄花海而使画面显得单调的情况，要合理利用周围其他的景物进行对比，从而获得开阔、广袤的花海效果。

2. 利用广角镜头形成透视效果

拍摄花海时要选择广角镜头，此类镜头比较适合表现大片花海的整体效果，可营造出一种宽阔、宏大的气势，拍摄时使用小光圈可以获得较大的景深，使远近的花朵都能获得清晰呈现。

▲ 要想将花海表现得更具有壮阔感，广角镜头和横画幅构图的结合是最佳的选择。画面中，火红的花朵组成的花海被表现得非常宽阔、宏大（焦距：24mm ┆ 光圈：F13 ┆ 快门速度：1/250s ┆ 感光度：ISO100）

学习视频：使照片具有视觉焦点

11.11.2 利用散点构图拍摄星罗棋布的花卉

散点式构图是指将多个有趣的点有规律地呈现在画面中的一种构图手法，其主要特点是"形散而神不散"，特别适合拍摄大面积花丛，在拍摄鸟群、羊群等题材时也较常被采用。

采用这种构图手法拍摄时，要注意花丛的面积不要太大，否则没有星罗棋布的感觉。另外，花丛中要表现的花卉与背景的对比要明显。这种构图手法不仅适合拍摄花丛，也适合拍摄开放在一枝花茎上的几朵鲜花，在构图时同样要注意点的分布位置。

▲ 以仰视角度拍摄的花丛，橘红色的花儿在蓝天背景的衬托下显得生机盎然，画面给人一种清晰、明朗的感觉（焦距：23mm ┊ 光圈：F9 ┊ 快门速度：1/250s ┊ 感光度：ISO100）

11.11.3 利用对称构图拍摄造型感良好的花朵

对称式构图通常是指画面中心轴两侧有相同或者视觉等量的被摄物，使画面在视觉上保持相对均衡，从而产生一种庄重、稳定的协调感、秩序感和平稳感。

1. 利用花卉本身的形状形成对称式构图

绝大多数花卉的结构都是对称的，在拍摄时可以通过构图，更完美地在画面中展现这种对称感，从而给人带来美的视觉享受。

2. 利用水面或镜面形成对称式构图

除了直接拍摄花朵展现其对称结构外，还可以利用水面或镜面形成镜像对称，增强画面的趣味性。

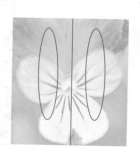

▲ 采用对称式构图拍摄以紫、黄两个颜色为主的花瓣，可使花朵表现出稳定的协调感和秩序感，给人以独特的视觉享受（焦距：60mm ┊ 光圈：F9 ┊ 快门速度：1/200s ┊ 感光度：ISO100）

11.11.4 逆光表现花卉的独特魅力

采用逆光拍摄花卉时,可以清晰地勾勒出花朵的轮廓线。逆光还可使花瓣呈现出透明或半透明效果,能更细腻地表现出花的质感、层次和花瓣的纹理。要注意的是,在拍摄时应利用闪光灯、反光板进行适当的补光处理。

1. 逆光下的半透明效果表现纹理

由于花朵有着纤薄、半透明的独特质感,因此摄影师可选择逆光进行拍摄,以将其被光线穿透的漂亮画面纳入镜头,从而更细腻地表现出花的质感和纹理。

▲ 采用逆光拍摄花卉,在深色背景的衬托下,花茎上出现了一圈漂亮的轮廓线条,而白色花瓣则呈现为一种明亮的半透明效果,画面看起来非常通透、明亮(焦距:200mm ┊ 光圈:F3.2 ┊ 快门速度:1/500s ┊ 感光度:ISO100)

2. 逆光下的剪影花卉表现形体

使用逆光进行拍摄时,还可以采用点测光模式对准光源周围进行测光,将花朵拍摄成为剪影效果,从而在画面中突出花朵漂亮的轮廓线条。

▲ 日落时分,天空中布满红霞,此时以逆光角度拍摄花朵,尽管看不到花朵晶莹剔透的质感,但是却能欣赏到漂亮的剪影之美(焦距:200mm ┊ 光圈:F4.5 ┊ 快门速度:1/1250s ┊ 感光度:ISO100)

3. 逆光角度的暗背景花卉

在明暗反差较大的环境中采用逆光拍摄时,使用点测光对准花朵最亮的地方进行测光、拍摄,这样拍出来的画面中,花朵很明亮,而背景却是"全黑",能够有效地突出花卉的轮廓和质感。

▶ 几朵菊花在强光下灿烂地绽放着,拍摄时对亮处测光得到暗背景的画面,这样可使观者的注意力集中到主体——明亮且透明的菊花上,画面简洁且富有活力(焦距:50mm ┊ 光圈:F1.8 ┊ 快门速度:1/800s ┊ 感光度:ISO100)

课后练习与提升

1. 拍摄山景时，如何表现出山体的体量感？

2. 不同角度的光线会营造怎样的画面效果？

3. 如何增加海面的纵深感？

4. 不同高度的海平线在表现海景时各有什么特点？

5. 拍摄水面倒影时应如何控制曝光量？

6. 表现通透水面的技巧是什么？

7. 竖画幅瀑布和横画幅瀑布表现有何不同？

8. 如何表现雪景的层次感？

9. 什么角度的光线适合表现雪的颗粒感？

10. 什么角度最适合表现雾凇？

11. 哪种构图适合表现星罗棋布的花卉，为什么？

12. 逆光花卉画面有什么特点？

第12章 建筑与夜景摄影要点

12.1 建筑摄影拍摄器材的选择

12.1.1 使用偏振镜消除建筑物表面的反光

现代建筑大多都是"明亮照人"的,要想拍好建筑,又不受泛光灯影响,最好的办法就是在拍摄时加用偏振镜,以消除其表现的漫射光。

▶ 加用偏振镜后拍摄建筑物可以消除其表面的反光,更好地表现建筑物(焦距:50mm ¦ 光圈:F11 ¦ 快门速度:1/250s ¦ 感光度:ISO200)

12.1.2 使用超广角镜头强化视觉冲击力

以超广角镜头采用夸张的透视拍摄广阔的场景可以带来视觉上的冲击感和新鲜感。另外,现代建筑的全景拍摄只有依靠超广角镜头才能有效地避开干扰物。

▶ 使用超广角镜头拍摄的画面中,建筑和地面都产生了明显的变形,可使画面的视觉冲击力加强(焦距:12mm ¦ 光圈:F6.3 ¦ 快门速度:8s ¦ 感光度:ISO100)

12.1.3 使用中长焦镜头表现建筑的外部特征

对于一栋建筑物,首先映入眼帘的就是建筑物的外部结构。许多建筑物,在外部结构上有其特有的特性,比如结构线条、颜色图案等。若是想拍摄建筑物的全貌,当然首选超广角和广角镜头,但是想拍摄建筑的细节,则需要使用中长焦镜头。因为中长焦镜头不仅可以很好地表现建筑物的细节,同时还可以有效地减轻透视变形。

▶ 使用长焦镜头拍摄建筑物的细节部分,可以避免建筑物透视变形的情况,使其细节得到更好的表现(焦距:195mm ¦ 光圈:F14 ¦ 快门速度:1/500s ¦ 感光度:ISO200)

12.2 拍摄建筑的技巧

12.2.1 表现建筑的韵律美感

韵律原本是音乐中的词汇，但实际上在各种成功的艺术作品中，都能够找到韵律的痕迹，韵律的表现形式随着载体形式的变化而变化，但均可给人节奏感、跳跃感、生动感。

建筑摄影创作也是如此，建筑被称为凝固的音符，这本身就意味着在建筑中隐藏着流动的韵律，这种韵律可能是由建筑线条形成的，也可能是由建筑自身的几何结构形成的。

要形成韵律不需要特别的造型，将关注的目光放在建筑的局部，就会发现建筑体上以相同间隔重复出现的对象，例如，廊柱、窗户、穹顶的线条等。

因此在拍摄建筑时，只要不断地调整视角，通过构图手法就能在画面中表现建筑的韵律，拍摄出优秀的建筑照片。

1.利用建筑线条塑造画面的韵律美感

在取景时，可借助于建筑重复的线条形成韵律美感，利用广角镜头的透视特性可夸张这种效果。

2.利用阴影塑造画面的韵律美感

在光线充足的情况下，建筑物上会产生各种深浅程度不一和形状不同的阴影，在画面中纳入这些阴影可增强生动感，还可衬托出建筑的立体感，有序的阴影与建筑结构也可构成具有韵律美感的画面。

3.从独特视角表现建筑的韵律美感

除了寻找有次序的结构线条和借助于阴影等方式，还可以尝试变换拍摄角度，以俯视角度从上至下拍摄室内楼梯，由于透视的关系，螺旋状的楼梯会呈现出很有节奏的旋转韵律美感。

学习视频：10大建筑拍摄技巧

▲ 采用仰视角度拍摄大桥，在蓝天背景的衬托下，大桥的线条明朗又简洁，给人一种全新的视觉感受（焦距：19mm｜光圈：F｜快门速度：1/500s｜感光度：ISO100）

利用建筑有规律的结构及其影子构成很有韵律美感的画面（焦距：24mm｜光圈：F13｜快门速度：1/250s｜感光度：ISO200）

▲ 垂直角度拍摄建筑的穹顶，渐变的结构在广角镜头下的透视效果使画面看起来很有韵律美感（焦距：20mm｜光圈：F10｜快门速度：1/320s｜感光度：ISO100）

12.2.2 拍摄建筑时前景、背景与环境的选择

建筑是人类日常生活的重要组成部分，而建筑题材也是摄影中的一大类别，无论是楼宇房屋、现代建筑、名胜古迹、桥梁高塔、城市全景还是街景随拍，都有各自的特色，也有各自的拍摄方法。

在拍摄前，最好先围绕建筑四周走上一圈，根据建筑的外形特征，寻找合适的拍摄地点，然后再选择最为合适的镜头，在取景器中精心构图，把对画面表达有帮助的前景和背景纳入画面，与表现主题无关的部分则排除在外，然后按下快门，即可成就一幅优秀的建筑摄影作品。

1.利用前景营造空间感

纳入前景表现建筑时，除了要衬托出建筑的特点，还可借助于前景营造出画面的空间感。拍摄时应设置中等光圈，虚化最靠近前面的部分，避免画面过于杂乱。

▲ 拍摄建筑外观时，将前景中的马路也纳入画面中，通过高与矮的对比，衬托出了建筑物高大的气势（焦距：18mm ┊ 光圈：F8 ┊ 快门速度：1/160s ┊ 感光度：ISO100）

2.利用背景衬托建筑特色

在选择建筑画面的背景时，可多寻找几个拍摄地点，除了能衬托建筑的特色，还应选择在颜色、明暗上有区别的背景，这样不仅可将建筑与背景区分开，也可使画面看起来更有空间感。

▶ 以仰视的角度表现古建筑的一角，在蓝天的衬托下，古香古色的建筑风格非常鲜明、突出（焦距：200mm ┊ 光圈：F13 ┊ 快门速度：1/400s ┊ 感光度：ISO100）

3.利用环境衬托建筑物的体量

利用环境衬托建筑时，可使用广角镜头进行拍摄，并借助于周围的景物与建筑形成明显的大小对比，在这些陪体的对比和衬托之下，可将建筑物宏伟的体量、宏大的气魄表现得更加充分。

▶ 漫天的火烧云将角楼衬托得更加有气势（焦距：23mm ┊ 光圈：F11 ┊ 快门速度：1/320s ┊ 感光度：ISO400）

12.2.3 利用极简主义拍摄建筑

单纯、简洁的建筑通常会给人留下深刻的印象，因此，在拍摄时可利用极简的画面组成、构图方式去表现建筑物，以得到简洁的建筑画面效果。

1.找寻简单的建筑物

拍摄与构思的同时，除了要寻找简单结构的建筑物，还应去推测哪些是必须留在画面中的，哪些是要摒弃的，因此要学会取舍以获得简洁的画面。

2.利用简单的构图法

通常会使用黄金分割法构图，就是指取景时将主体放在关键的线条上，这样能达到强化视觉，形成有意思的极简构图。

3.通过线条辅助视觉

线条的表现在建筑画面中非常重要，可通过水平线或者垂直线形成有力的构图，还应妥善控制线条的指向性，使画面以最精简的元素组成，比如从画面中心指向四周、用圆弧作画，或者以线条去呈现隧道式的视觉感受，都是非常实用的极简构图手法，也能让观者从自身角度去看见每个不同的画面。

4.细节的美感

还可以通过建筑的细节部分来获得极简的画面效果，仔细观察建筑的每个角落，将过去那些没有在意或忽略的精致细节，通过取景技巧或构图安排来使其变得独特或呈现出超乎预期的效果。

5.光影的魅力

光影的把控也是拍摄极简风格建筑的关键因素之一，透过光线多层次的质感，感受画面中光线的状况，掌握时机追寻好的光线，即可运用光的色泽，诠释出建筑的不同效果。

选择拍摄的时机，让光与影决定建筑的氛围。以一天当中的日照时间来说，若要拍出光线的质感，要在旭日东升后的1~2小时，或者太阳落山前的1~2小时进行拍摄，因为这两个时段的光线能使建筑的色彩更加丰富，同时斜射的光线会加长影子，使建筑的立体感更强。

6.善用比例创造视觉感受

在拍摄建筑物时，还可以通过与周围环境的对比形成不同的视觉效果。以渺小的陪衬对象对比出建筑物的高大，从而营造出不同于一般的极简风格氛围与效果。

▲利用长焦镜头拍摄的建筑局部，简单的几何结构将建筑的特点表现得很到位（焦距：8mm｜光圈：F2.3｜快门速度：1/3s｜感光度：ISO100）

学习视频：只是模仿是无法出彩的

学习视频：突出拍摄对象

12.3 拍摄夜景的技巧

12.3.1 拍摄流光飞舞的车流

夜间的车流光轨是常见的夜景拍摄题材，在深色夜幕的衬托下，流光飞舞的车灯轨迹非常美丽。

1. 使用三脚架固定相机

将相机安装在三脚架上，并确认相机稳定且处于水平状态。调整相机的焦距及脚架的高度等，对画面进行构图。

2. 选择合适的曝光参数

选择快门优先模式，并根据需要将快门速度设置为30s以内的数值，如果要使用超出30s的快门速度进行拍摄，则需要使用B门。设置感光度数值为ISO100，以保证成像质量。并将测光模式设置为评价测光模式。

3. 选择较高的拍摄位置

拍摄时应该找到一个能够俯视拍摄车流的高点，如高楼或立交桥，从而拍摄出具有透视效果的线条。拍摄时寻找的道路最好具有一定的弯曲度，从而使车流形成的光轨呈曲线状。

半按快门进行对焦，确认对焦正确后，按下快门完成拍摄，为了避免手按快门时产生震动，推荐使用快门线或遥控器来控制拍摄。

（焦距：27mm 光圈：F20 快门速度：20s 感光度：ISO100）

（焦距：22mm 光圈：F16 快门速度：13s 感光度：ISO100）

▶ 这组大场景的夜景画面中，呈曲线效果的车流不但为画面增加了动感，也表现出了城市夜景的繁华、璀璨。

12.3.2 焦外成像造就的虚幻与柔美

拍摄光斑时,为了求得最大光圈效果,最好选择定焦镜头,因为定焦镜头的最大光圈比变焦镜头更大。例如一支50mm的标准镜头,仅需要花费500～800元,即可得到F1.8的大光圈,使用这样的大光圈,去拍摄焦外成像效果会更好。

在拍摄时,应将对焦模式调整为手动,手动转动对焦环,此时在取景器中就可以观察到圆点的变化,让被摄体置于焦距之外,完全虚化,即可按下快门完成拍摄。

▲ 使用大光圈将道路上的灯光虚化成了漂亮的斑点,画面中朦胧的彩色斑点点缀在夜幕下,显得格外迷人(焦距:40mm ┆ 光圈:F2.8 ┆ 快门速度:1/8s ┆ 感光度:ISO800)

12.3.3 拍摄星轨

可以通过长时间曝光来留下星星运动的轨迹。从地球上观察,所有的星星都是围绕着北极星旋转的,所以应把相机对准北极星的方位拍摄。把相机的快门调至B门,设置30分钟至2小时的长时间曝光,这样就可以使星星的光点变成长长的弧状线条,清晰可见,画面中充满了神秘的气息和浪漫的色彩。

拍摄星轨通常可以用两种方法,一种是通过长时间曝光前期拍摄,即拍摄时用B门进行摄影,拍摄时通常要曝光半小时甚至几个小时;第二种方法是使用延时摄影的手法进行拍摄,拍摄时通过设置定时快门线,使相机在长达几小时的时间内,每隔1秒或几秒拍摄一张照片,完成拍摄后,在Photoshop中利用堆栈技术,将这些照片合成为一张星轨迹照片。

目前第二种方法比较流行,因为使用这种拍摄手法,不用担心相机在拍摄过程中断电,即使断电只需要换上新电池继续拍摄即可,对后期合成效果影响不大。另外,由于每一张照片曝光时间短,因此照片的噪点比较少,画质纯净。

表现星星轨迹的画面,可将地面景物也纳入画面中来丰富画面(焦距:17mm ┆ 光圈:F8 ┆ 快门速度:2140s ┆ 感光度:ISO800)

1.前期准备

要有一台单反或微单（全画幅相机拥有较好的高感控噪能力，画质会比较好），一个大光圈的广角或超广角又或者鱼眼镜头，还可以是长焦或中焦镜头（拍摄雪山星空特写），快门线，相机电池若干，稳定的三脚架，闪光灯（非必备），可调光手电筒，御寒防水衣物，高热量食物，手套，帐篷，睡袋，防潮垫，以及一个良好的身体。

2.镜头的准备

- **超广角焦段**

以14~24/16~35这个焦段为代表，这个焦段能最大限度地在单张照片内纳入更多的星空，尤其是夏季银河（蟹状星云带）。14mm的单张竖排星空，即使在没有非常准确对准北极星的时候，也能拍到同心圆，便于构图。

- **广角焦段**

以24~35这个焦段为代表，虽然没有超广角纳入那么多的星空，但由于拥有1.4大光圈的定焦镜头，加之较小的畸变，这个焦段拍摄的画面很适合做全景拼接。

- **鱼眼**

鱼眼通常焦距为16mm或更短，视觉接近或等于180°，是一种极端的广角镜头。利用鱼眼镜头可很好地表现出银河的弧度，使得画面充满戏剧性。

3.拍摄技巧

对焦时，由于星光比较微弱，可能很难对焦，此时建议使用手动对焦的方式，至于能否准确对焦，则需要反复拧动对焦环进行查看和验证了。如果只有细微误差，通过设置较小的光圈并使用广角端进行拍摄，可以在一定程度上回避这个问题。

由于拍摄星轨需要长时间曝光，曝光要从30分钟~2小时不等，因此如果气温较低，相机应该有充足的电量，因为在温度较低的环境下拍摄，相机的电量下降相当快。

长时间曝光时，相机的稳定性是第一位的，因此稳固的三脚架是必备的。拍摄时将光圈设置到F5.6~F8左右的小光圈，以保证得到较清晰的星光轨迹。为了较自由地控制曝光时间，拍摄时多选用B门进行拍摄，而配合使用带有B门快门释放锁的快门线则让拍摄变得更加轻松且准确。

在构图方面为了避免画面过于单调，可以将地面之景物与星星同时摄入，使作品更生动活泼，如果地面的景物没有光照，可以采用使用闪光灯人工补光的操作方法。

◀ 由于采用了后期堆栈合成法，画面的噪点比较少（连续拍摄200张合成得到）

课后练习与提升

1. 如何避开建筑物表面的反光？

2. 什么是极简风格的建筑画面？

3. 拍摄焦外成像的相机设置技巧是什么？

4. 拍摄星轨的两种技巧是什么？

5. 下面这两张图都是用哪个焦段的镜头拍摄的？

第13章 了解摄像

13.1 摄像技术发展简史

摄像机和相关技术的发明和发展,可以简单地划分为4个阶段,下面简单讲解一下。

13.1.1 20世纪前20年为启蒙时期

19世纪末,卢米埃尔兄弟依据摄影(照相)术而发明了电影技术,从而将人们观看真实、连续影像的愿望变为现实。从此,人类进入了电影时代,也开创了科学与艺术相结合的现代社会。同时,在这一时期电影的影响下,科学家又开始设想和研究采用光电感光成像(电子成像)来代替胶片感光成像(化学成像)记录连续影像画面的技术,这就是摄像技术的启蒙阶段。

13.1.2 20世纪30—50年代为电子摄像时期

20世纪30年代前后,随着现代物理学研究的深入和电子管科技产品的成熟,科学家根据光电效应的原理促成了电视的诞生。1936年11月2日,英国广播公司打破传统的声音播报形式,在伦敦向公众播出了有史以来第一个电视节目,让人们同时看到和听到了鲜活的视频画面(动态画面和声音),正式宣告了电视的诞生。20世纪40年代至50年代中期,电视节目一直采用"直播"的方式进行播放,因为摄像机的功能比较简单,不能进行后期编辑加工等处理,这就是摄像技术的电子直播阶段。

13.1.3 20世纪60—90年代为磁录摄像时期

到了20世纪50年代中后期,磁性记录材料可以成熟运用,磁带录像机得以问世并逐步完善,这样就可以使摄像机拍摄的视频画面很好地存储下来,而后期的剪辑加工产生,也促成了录像和后期剪辑的交互发展。从20世纪70年代开始,电视节目的制作播放基本实现录播方式,摄像技术从单一的摄取转变为摄录,此时的磁录摄像在摄像技术历程中是非常重要的一环,它既是摄像工作自由、便捷和丰富的开端,也是后来数码摄像的重要基础。

13.1.4 2000年至今为数码摄像时期

从20世纪90年代开始,摄像技术进入了数码时代。摄像机将所拍摄的视频影像等信息直接转换成数码化信息,并快捷地储存于计算机硬盘或软件中,使拍摄、制作和传播更加方便。跨入21世纪后,数码摄像以特别的优势和便利,主导着摄像技术发展成为市场消费的主流。数码时代的高科技融入,让摄像器材日新月异。

回顾摄像机的发展历程,主要是从手动到自动、从机械到智能、从人工到计算机、从分离到合体的过程。存储介质也从电子到磁带、从磁带到光盘、从光盘到硬盘、从有带到无带的变化。初期的摄像机又大又笨,全靠手工操作,要用三脚架支撑才能作业;中期的摄像机和录像机是分离的,工作效率低,行动不方便,受到很多的限制;到了磁录摄像后期和数码摄像时代,摄像机才开始轻便化、小型化、智能化,可以肩扛和手托拍摄,为自由、灵活、机动的拍摄创造了条件,使摄像师们摆脱了许多繁琐的技术操作,把精力集中到拍摄创作上。

近些年,摄像技术又有了全面的拓展,摄像不再局限于摄像机本身所为,而是发展到了诸多日用工具上,如手机摄像、数码相机摄像、交通监控摄像等。这其中,数码相机的摄像功能已经很强大,几乎逼近专业摄像机水平;而手机的摄像功能另具优势,其极为便携和高度普及的应用促使了摄像的大众化,从此,摄像进入了每个人的日常生活,摄像越来越大众化。

13.2 视频影像的主要特点

数码摄像拍摄题材广泛，内容丰富，形式无拘无束，参与者众多，呈现出许多新的特点。

1. 大众化

摄像机日益小型化、微型化且操作简便、功能多样，再加上后期制作中非线性编辑软件的应用，日趋成为普通百姓记录影像和表达思想最方便的工具，也将成为现代社会各阶层最主要的影像记录和艺术创作的方式。

2. 影像功能强大化

随着高科技的不断注入，小型摄像机也具有了专业摄像机的强大功能，在越来越多的场合中可替代大型摄像机完成新闻、商业和艺术创作的任务，满足人们在工作和创作上的各种需求。

3. 表现形式自由化

掌中宝摄像机、手机、照相机等，此类器材体型小、轻便且具有多功能的优势，对人们探索影像语言和艺术表现形式极为有利，可促使更多新颖形式的影像诞生，也将引领和开拓视频影像表现的深度和广度。

4. 记录方式数字化

数字信号符合高清电视的标准保证了动态影像的声画质量优异、制作简便多样，数字存储与传输方便快捷则可与各行业、多领域、各种媒介平台接轨。

13.3 播映制式

世界各地的播映制式(视频影像播映系统)主要分为PAL、NTSC、SECAM三大类。

1. PAL制式（25帧/秒）

欧洲以英国为代表，亚洲以中国为代表，全球有近50个国家和地区采用PAL制。

2. NTSC制式（29.97帧/秒，通常称30/秒）

美洲以美国为代表，亚洲以日本为代表，全球有30多个国家和地区采用NTSC制。

3. SECAM制式（25帧/秒）

欧洲以法国为代表，亚洲以蒙古为代表，全球有近30个国家和地区采用SECAM制。

播映制式的差异，主要是影像在播出的帧率和格式上有所区别，可以通过设置摄像机工作制式来设定不同的播映制式。比如在英国和中国，以PAL制式拍摄视频画面，即可直接输出播放；而在美国和日本，以NTSC制式来拍摄视频画面，即可直接输出播放；如果是中国的PAL制式的视频影像，到美国或日本去播映，就要转换为NTSC制式的视频影像才能播映。不同制式的视频影像，可以通过有关的数码图像软件进行转换，如果是在计算机上播放数码视频，则不受制式的影响，因为播放软件会自动识别视频文件的格式来播映。

▲ 摄像机上标识的摄像机制式

13.4 摄像机的主要类型

目前市上有各种各样的摄像机，造型差异巨大，功能各有千秋，价格高低悬殊，面对琳琅满目的摄像机，真不知该如何去判断和选择，对于初学者来说，首先要明白摄像机的类型和用途，从而根据需要挑选合意的机器。通常，摄像机可以按用途、感光元件、存储介质、高清指标进行区分。

其中，按用途分类是最常用的分类方式。各家器材店都是依照此分类方式来分级定价的，其他几种分类，有助于区分摄像机的技术特点。

13.4.1 按用途分类

摄像机按用途可以分为家用级（消费级）、专业级（业务级）和广播级。从品质和价位上看，家用级价廉而品质一般，广播级价高而品质精美，专业级则介乎两者之间。

1. 家用级摄像机

家用摄像机主要应用在图像质量要求不高的场合，比如家庭聚会、群众娱乐等。此类摄像机俗称为"掌中宝"，它体积小巧，重量轻微，便于携带，有一定的隐蔽性，除了用于个人、家庭娱乐外，许多特殊条件下的拍摄也经常采用这种机型，比如体育特技摄像、私家侦探跟踪摄像等。家用摄像机的最大特点是高度智能化，操作简单，价格便宜。随着人们对于生活影像记录的需要，大多数家庭购买了这类摄像机，如HF R76等。由于对画面的要求不高，家用摄像机制作一般节日、拍摄记录个人影像，是一种物美价廉的选择。

▲ 家用级摄像机佳能 HF R76

2. 专业级摄像机

专业级摄像机一般应用在广播电视以外的专业领域，如电化教育、工业、医疗等，此类摄像机比较轻便，价格适中，影像质量略低于广播用摄像机，如PMW-EX260等。

专业级摄像机紧跟广播级摄像机的发展，更新很快。尤其近几年，感光元件的制造和质量有了很大提高，在清晰度、信噪比、灵敏度等重要指标上，已和广播级摄像机没有多大区别。如果说有不足，那就是在耐用度和特殊性能方面，还达不到广播级摄像机的水平。

▲ 专业级摄像机 PMW-EX260

3.广播级摄像机

广播级的摄像机主要应用于广播电视领域，如电视台、影视公司、专业广告公司等。此类摄像机拍摄的影像质量最好，工作性能全面且强悍，机器结实耐用，但是价格也最高，体积也比较大，重量较重，如索尼HSC-E80R、F55等。与其他两种级别的摄像机不同的是，广播级摄像机强调手动操控能力，不走傻瓜智能化的路子，广播级摄像机对附属设备的要求多且高，其中一部分在演播室内使用的座机必须要有三脚架支撑，有的是依赖斯坦尼康运动系统，有的是要放在高大摇臂上。因此，这类摄像机会细分出各种专用机和附属设备，形成庞大的摄录系统和复杂的操控设备，无论是价格还是使用维护上，都非个人所能承担。

▲ 高端广播级演播室摄像机 HSC-E80R

13.4.2 按存储介质分类

根据存储介质的区别，可以将摄像机分为硬盘摄像机和闪存卡摄像机，不同介质的存储方式都有自己的特点。由于摄像技术发展的多样化等原因，存储介质一直在发生变化，因此会有不同存储介质的摄像机同时存在。

1.硬盘摄像机

硬盘摄像机是指采用内置硬盘存储影像信息的摄像机。目前占据着市场很大份额。硬盘摄像机以内置的大容量硬盘来工作，一个内置硬盘通常有几十GB的容量，有的甚至可以达到几百GB，可以存储十几甚至几十小时的数码影像资料，具有其他摄像机没有的超大容量优势。但摄像机内置硬盘的缺点就是抗震性和稳定性不是非常好，遇到震动摔碰容易损坏，这限制了硬盘摄像机的进一步发展。因此，内置硬盘的摄像机在今后的发展中如果能弥补上述缺点，就不会面临日渐停滞的尴尬。

▲ 硬盘式摄像机 HDR-PJ675

2.闪存卡摄像机

闪存卡摄像机是指采用微型闪存卡作为存储介质的新型摄像机。作为现在市面上的主流，不管是大型专业机还是家用微型机，大多采用这种存储方式。闪存卡其实就是一种固态的迷你硬盘，有非常好的便携性和稳定性。随着高科技的发展，现在闪存卡的容量已经迅速扩大，已经出现了单卡容量几百GB的闪存卡，它还有很高速的读取和写入速度，很适合现在高清影像时代的大容量数据要求。另外，由于闪存卡便携且高度兼容，非常方便将影像复制到计算机等剪辑设备中，这些优势是其他存储介质所难以相比的。

▲ SxS™ 存储卡及 GZ-E369B 摄像机

13.4.3 按传感器类型分类

按摄像机的传感器类型进行分类,可分为CCD和CMOS两类。

1.CCD摄像机

CCD芯片被用来替代传统摄像管,执行光电转换、电荷储存和转移等工作。CCD摄像机具有体积小、重量轻、寿命长、工作电压低、图像无失真以及抗灼伤等优点。目前,广播电视系统使用的摄像机大多都是以CCD作为光电转换器件。

CCD的感光面积、片数及工作方式都会影响到画面质量。通常CCD的感光面积有1/8英寸、1/6英寸、1/3英寸、2/3英寸,尺寸越大,画面质量越好。家用级摄像机一般采用1/6英寸或更小的CCD,专业级摄像机一般采用1/3英寸的CCD,而广播级摄像机则采用2/3英寸的CCD。

摄像机使用的CCD片数可分为单片、双片和三片式,三片式摄像机质量最好,专业和广播级摄像机均采用三片式CCD摄像机。

按CCD的电荷转移方式,摄像机还可分为IT(行间转移)式、FT(帧间转移)式和FIT(行帧间转移)式三种。FIT式摄像机图像质量最高,IT式摄像机图像质量最低。

▲ CCD 摄像机

2.CMOS摄像机

近年来,CMOS传感器的各项指标有了很大的长进,一改从前只应用于低档产品中的现象,如今,无论是家用级,还是专业级摄像机,CMOS的出现频率越来越高。随着电子技术和制造工艺的发展,CMOS由于电流变化过于频繁而产生的杂点现象已基本消除,而且在内部结构发热量、功耗等方面甚至超过CCD,以至于越来越多的数码产品开始使用CMOS作为传感器。

CMOS的感光面积可分为1/5英寸、1/4英寸、1/2.88英寸、1/3英寸和1/2英寸几种类型,前三种多应用于家用级摄像机,后两种则主要应用于专业级摄像机。和CCD摄像机一样,CMOS摄像机也有单片式和三片式之分。

▲ CMOS 摄像机

13.4.4 按清晰度分类

按照摄像机所拍摄的视频画面的清晰度（解析度），可以分为标清摄像机、高清摄像机和全高清摄像机三种。因为摄像机本身（制造精度、芯片大小和材料等）的不同，会导致摄像机记录的画面在清晰度上出现高低质量的差别，即摄像机记录的画面像素不一样。根据像素和影像解析度的不同，将摄像机所拍画面的清晰标准分成标清、高清、全高清和4K。

1.标清摄像机

标清画面是指画面物理分辨率为720P以内的视频格式（标准摄像机），画面的长宽比大多为4：3。比如，前些年常见的电视节目的分辨率是720×576，常见的DVD影片分辨率是640×480，这些都属于标清的行列。标清已经普及了很多年，目前正逐渐被更高的清晰标准所取代。

▲DVD 清晰度摄像机

2.高清摄像机

高清画面是指画面物理分辨率为1280×720的视频格式（高清摄像机），画面的长宽比是16：9。高清也简称HD，虽然高清画面要比标清画面清晰度高，但是高清画面的电视标准在推出之后，还没有大量普及就很快被更高的全高清画面标准所取代。

▲1080P 高清摄像机

3.全高清摄像机

全高清画面是指物理分辨率为1920×1080的视频格式（包括索尼全高清的MP4格式），画面的长宽比也是16：9。全高清简称为FULL HD，其清晰度是高清画面的两倍，由于画面所呈现的优质效果，加上当前数码技术的成熟应用，全高清如今正在大量普及，从中央到地方的各级电视台也正从硬件上向全高清升级，在此基础上最新的4K及更高的清晰度技术，目前也已经开始使用。

▲4K 摄像机

13.4.5 新型摄像设备

"21世纪，人人都是摄影师"，随着科技的高速发展，摄像已不再是摄像机的专属功能，一些新型摄像工具正在蓬勃发展，目前这类新摄像设备的代表主要有手机摄像和数码相机摄像。

1.智能化手机摄像

此类手机不单拥有手机的通话功能，还有摄像和照相等功能。目前的智能手机，摄像都是必备功能，人人都能用手机录像，也大大促进了摄像的普及。由于手机的随身携带性，在很多的突发事件现场可以及时记录实时影像，现在常常可以在网络和电视上看到用手机拍摄的视频。利用手机拍摄视频，可以快速及时地向大众传递一些富有意义的视频影像，而且数量越来越多。

▲智能化手机的摄像功能

2.数码相机摄像

在数字化的今天,相机和摄像机两者的界限开始模糊。当然,数码相机的摄像功能有自身特点,有些优势也是摄像机不能比拟的,比如,专业数码相机的感光元件比摄像机更大,因为感光元件的面积影响着画面的成像质量,也影响画面的景深效果,所以用专业数码相机拍摄的视频成像质量很好、景深效果强,更容易得到电影般浅景深的画面效果;再比如,数码单反相机能够更换镜头,有庞大的镜头群等配件可供选择,而且相对于专业的摄像机,数码相机相对来说成本较低,因而,在近几年的微电影领域得以大量应用,也为视频影像的普及作了很大的贡献。

▲ 数码单反相机的摄像功能

如上所述,可以预见的是,现有的手机和数码相机将会进一步强化视频功能,同时摄像功能也将会以更多的形式出现,为大众提供更多、更好的摄像工具。

13.5 摄像机选购要则

13.5.1 根据用途定机型

应先明确将来拍摄的主要对象和用途,再根据这个需要来选购相应的摄像机。如果只是家庭日常生活记录和旅游风光留念,那么选择一个家用摄像机就足够了。家用摄像机既有轻便的优点又具备众多的自动化功能,操作起来省心,而且画面质量也不错。如果是想拍摄一些节目用于电视台播出,则可以考虑专业级摄像机,其中应尽量考虑三感光片摄像机并使用众多手动功能,这些都是保证画质和精确操作的前提条件。至于广播级的顶尖摄像机等设备,就要根据自身的经济实力来选择了。

13.5.2 画面质量是重点

其次要考虑的是想要拍摄的画面质量和艺术效果。画面质量这一点,可以从摄像机画面的清晰度来筛选,有全高清就不选高清,更不能要标清摄像机了。艺术效果上是看画面的浅景深效果,如果喜欢背景虚化的画面,那么就选择感光元件大的摄像机,数码相机也可以。总之,感光元件面积越大,背景越容易被虚化。数码单反相机摄像的虚化效果方面甚至比广播级的摄像机还要好,但也会给拍摄清晰画面的跟焦带来困难。

13.5.3 量力而行不能忘

买摄像机当然还要考虑经济问题,不能盲目地借钱买贵重高档的摄像机,而是要量力而行。另外,如果摄像机是用来接业务赚钱的,那就买好一点的摄像机,有投入也会有产出。如果摄像机只是用来记录生活,那么普通的家用摄像机就够了,甚至数码相机和手机的摄像功能,就可以满足要求。

13.6 摄像机的握持方式

要想拍好视频画面，如何持拿摄像机是第一个需要了解和掌握的，不正确的拍摄姿势容易造成摄像机的抖动，既影响画面的清晰也容易疲劳，正确的拍摄姿势则能保证摄像机的稳定，使拍出的画面清晰平稳，而且操作合理轻松。

13.6.1 基本握持姿势

无论是肩扛还是手持摄像机，从总体上来看，握持摄像机都应该做到平稳、放松和匀速。摄像机根据外在体积的差异，大体可分为大、中、小三种类型，每种类型在握持方式方面又有所不同。另外，同一种机型根据机位的高低，也有不同的握持姿势，因此，应先掌握好基本的姿势。

一般，将摄像姿势分为站立和跪立两种。站立时，双腿呈45°夹角站立，不管摄像机的大小，这样的站立方式都是最有利于身体稳定的姿势。而跪立的姿势一般是右脚屈膝垂直立于地面，右脚屈膝将膝盖抵于前方地面，后脚掌弯曲，同时右手曲臂抵在右膝盖上，右手掌来承托摄像机，这样摄像机的重量通过手掌—手臂—膝盖—小腿直接传递到地面，保证了握持的稳定性。

▲ 站姿和跪立的基本姿势

13.6.2 掌中宝握持姿势

小型家用摄像机（掌中宝）体积小巧，因此其握持方式比较灵活，通常是以右手为主拍摄，站立时右手持机，左手握住液晶屏或托住镜头来稳定摄像，但高角度时可以单手举高摄像机，向下翻转液晶屏进行拍摄，也可以将摄像机放在腰部低角度向上，左手翻转液晶屏取景，右手托住摄像机拍摄。

13.6.3 大中型摄像机握持姿势

中型摄像机的体积不大，在握持上，只要注意兼顾镜头调整就可以。有多种的操作姿势，既可以像小型机那样以高、低角度拍摄，也可以像大型机那样站立肩扛拍摄。

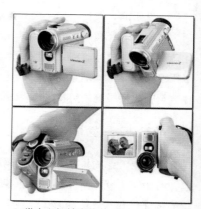
▲ 掌中宝握持姿势

大型摄像机体积大而且比较沉重，这时如何稳定操作就是第一位的，所以大型摄像机的底部都有弧形的缓冲高密度海绵，用于在肩扛时缓冲与人体的共振，也增加了摄像师的操作舒适性。前方镜头的控制把手是按照人体工程学来设计的，这样摄像师左手管寻像器，右手把控机身和镜头，双手各负其责，配合操作，增加稳定。当然，大型摄像的持机的稳定性非常重要，最好以固定的依托来帮助稳定摄像机。在条件允许的情况下，应尽量上三脚架拍摄，大型摄像机的底部往往是统一的V型快装卡槽，就是为了方便摄像工作中的快捷使用。

▲ 大中型摄像机的握持姿势

13.7 摄像机操作要领

在拍摄一段完整的视频影像之前，必须掌握摄像操作的要领。

13.7.1 起幅与落幅

与照相机一张一张地拍摄方式不同，摄像机从开拍到停拍是一个记录连续画面、连续时段的过程，这一过程可以分为起幅（镜头开始）、中间（主要内容记录）、落幅（镜头结尾）三部分，三者自然连续，相辅相成。要想完成一段视频影像，从起幅到落幅都应完好顺畅。

13.7.2 操作要领

从整体上看，每次的拍摄都是一个连续的画面，有起幅，中间运动部分，也有落幅。好的画面应该是从头到尾都很流畅平稳，并有节奏的快慢变化和镜头的运动变化，这些因素都要处理好才能获得好的结果。因此，应按摄像操作的要领来拍摄。摄像机操作的要领是：留、稳、准、平、匀、长。

1. 预留

预留是指每次拍摄的起幅之前和落幅之后应多录5s画面，以便于进行后期编辑。

2. 稳定

稳定是指拍摄过程都应保持稳定，不能晃动摇摆，否则，拍摄出来的画面，会给观众带来不正常、失控和视觉疲劳等感受，当然，有画面目的需求的晃动除外。

3. 准确

准确有两个方面的要求，一是构图准确合适，迅速到位；二是准确聚焦，影像清晰。无论是静态画面，还是镜头推拉摇移，都要一步到位、准确交替、结尾干净。

4. 平直

平直主要是指在画面中地平线等应保持水平，建筑物等应保持直立。如果拍摄时不注意，不能保证这两大标志线条的平直，使其歪歪斜斜地出现，就会给观众造成车辆翻倒、地震发生等视觉错觉。

5. 匀速

匀速是指运动镜头的操作，不要忽快忽慢、颠三倒四。如果镜头在推拉摇移中，节奏不均匀、不合理、不正常，就会使观众感到画面混乱不堪。

6. 长度

长度是指在拍摄时要掌握好每个镜头的长度。一般来说，特写镜头为2~3s，中近景为3~4s，近景为5~6s，全景为6~7s，大全景为6~11s。运动物体的镜头长度可稍长，静止物体可稍短，如果一个镜头的时间太短，图像会看不清楚，但如果镜头的时间太长，则显得节奏拖沓，使人厌烦。

13.8 固定拍摄与运动拍摄

视频影像的拍摄，可以分为固定拍摄和运动拍摄两大类。

13.8.1 固定拍摄

固定画面的摄像是最基本也比较常用的操作方法。由于在摄像过程中、摄像机机位、水平方向和垂直角度、镜头焦距都固定不变，因此就称为"固定拍摄"。以这种方式拍摄的画面也叫固定拍摄画面或固定镜头，它具有构图景别不变、活动空间不变、现场背景不变等特点，早期曾是电视摄像直播的唯一方式。

▲ 用固定画面在一定时间内表述一段对话或情景

13.8.2 运动拍摄

运动拍摄主要是通过镜头的运动来实现的。具体来说就是镜头的推、拉、摇、移、跟等动作，以及将这几种动作综合起来的复合运动，以这种方式拍摄的画面也叫运动画面或运动镜头，它具有画面景别多样、活动空间多变、现场背景多换等特点。运动拍摄突破了固定拍摄的视觉局限，极大地拓展了视频画面的变化与空间，所以成为视频摄像中最主要，最常用的拍摄方式。

运动拍摄中无论镜头怎样运动，运动过程也都少不了起幅、运动、落幅三部分，因此在拍摄运动镜头时，要合理设计镜头的长度分段、运动走向和节奏变化，使各部分的过渡自然连贯。不能毫无目的地运动一气，或者有起幅没落幅，使观众无法认知画面信息。

▲ 用运动画面可使剧情表现得更立体，并将观众带入情节中

1. 推镜头

推镜头是指摄像机机位不变，镜头由广角端变换到长焦端的变焦操作，将拍摄对象推近所拍摄的画面。拍摄画面的景别范围是由大到小，主体人物由小到大，可以强调主体人物和重要细节。只需要使用一个镜头就可以将整体与局部、环境与主体的关系交代清楚。

在推镜头的画面中，分为起幅、推进和落幅三部分，为静—动—静的结构，其中落幅是重点。需要注意的是，使用推镜头拍摄应有明确的重点目标和适合的落幅画面，不能毫无目标地推镜头和仓促地处理落幅。同时，推镜头的节奏，也要与画面内容和情绪节奏相配，即内容平静时推镜头要慢，内容紧张时推镜头要快。

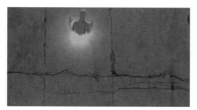

▲ 利用推镜头重点表现即将出场的主人公

2.拉镜头

拉镜头是指摄像机机位不变，镜头由长焦端变换到广角端的变焦操作，将拍摄对象拉远所拍摄的画面。拍摄画面的景别范围是由近景到全景，主体人物由大到小，与推镜头刚好相反，拉镜头可以表现主体人物与周围环境的关系。使用一个镜头就可以将局部与整体、主体与环境的联系，连贯清楚地展示给观众。

在拉镜头的拍摄技巧上，除了镜头焦距的变化是与推镜头相反之外，其他的操作要求基本一致。

▲ 利用拉镜头将场景慢慢纳入镜头中

3.摇镜头

摇镜头是指摄像机机位不变，镜头的焦距也不变，以三脚架或拍摄者身体为中心点，围绕这一中心进行水平或垂直转动所拍摄的画面。在摇镜头拍摄中，通过镜头上下或左右的转动，使取景框内的景物内容发生连续变化，以展示出更广的空间和被摄对象，从而说明更多的人物关联和情节内容。

摇镜头的变化有很多，根据运动轨迹的不同，可以分为横摇、竖摇和斜摇等，但不管怎样摇镜头，都要注意速度均匀，画面稳定，起幅、落幅准确。

▲ 通过摇镜头表现环境的全貌

4.移镜头

移镜头是指摄像机镜头焦距不变，在运用摇镜头拍摄时，如果拍摄对象是运动物体（镜头随着拍摄对象的运动而转动），表现的就是运动主体的变化以及环境背景的改变。如果拍摄对象是静止的，摇镜头则可以用来表现同一地点不同景物的排列变化，使其具有超广的视野范围。就像一个人转动头部环顾四周的感受，这是固定镜头无法做到的。

移动镜头一般有平移、升降和旋转等几种方式，平移（横移）是左右移动，升降是上下移动，旋转是圆周或弧形的运动。由于摄像机在做前后、左右、上下、圆周的移动，因此移镜头可以营造出场面宏伟、人物多变、空间复杂的效果，带给观众极其强烈的现场真实感。

除了简单的单人扛机移动之外，移动镜头还可借助于一些设备来保证移动拍摄时的稳定性，如升降机、摇臂、轨道移动车和斯坦尼康稳定器等。

▲ 跟在主人公后面移动镜头，可使观众有种带入感，能很好地感受到此时主人公的心境

5.复合镜头

复合镜头就是综合运动镜头，是指在一个镜头中，将推、拉、摇、移、跟、升降等运动摄像方式结合起来拍摄，可以构成丰富多变的画面效果。通过复合镜头有利于记录和表现在一个场景中相对完整的一段情节。镜头运动的每次转换应尽量与人物动作转换的方向一致，与情节中心和情绪发展的转换一致，这样有利于画面的外部变化与内部变化一致。

由于复合镜头综合了各种运动镜头，并可融合在一起使用，所以比单一的推镜头、拉镜头或其他运动镜头有更好的表现力。比如，升降摇臂上的摄像机在上下运动的同时进行推拉变焦，就揉合了移动和推拉运动，可以营造出从头看到脚的视觉效果。

很多初学者喜欢使用运动镜头来拍摄，但效果往往令人失望，特别是复合的运动镜头，更是带给观众画面凌乱的感受，其实就是对单一的运动镜头操作还不熟练，对画面的构图把握也不严谨，却急于将多种运动镜头综合起来拍摄，所以学习运动镜头，先要从简单入手，将各个单一的运动镜头熟练后，再用复合的运动镜头拍摄。

▲ 利用复合镜头详细地表现主人公的状态与环境的关系

课后练习与提升

1. 19世纪末,由谁发明了电影技术?

2. 播映制式都有哪几种?

3. 摄像机按专业分类可以分为哪几类?

4. 闪存卡摄像机有什么特点?为什么越来越受欢迎?

5. 摄像机按清晰度可分为哪几类?

6. 如何选购适合自己的摄像机?

7. 视频拍摄主要分为哪两种类型?都有什么特点?

第14章 专题摄像

14.1 商业类专题拍摄

商业类专题是指能够获取报酬的视频拍摄项目,包括会议、企业宣传片、产品展示、各种庆典、教育培训等。由于是商业性质的任务,所以不同于自己拍摄文艺作品那般随心所欲,视频需要按照客户的要求来拍摄。

14.1.1 企业专题片

企业专题片就像是企业"活的"名片,是宣传企业形象、品牌、产品、活动等最常见、最直接、最全面的视频影像,通过视频演示可以让客户在轻松的环境中,形象而真实地了解一个企业的精神、文化、工作业绩和发展状况。

由于企业专题片要起到宣传的作用,因此要涉及的面也比较广,包括企业的建筑景观、生产设施、各种会议和庆典活动、产品生产过程、产品实物、教育培训等,从外到内,从大到小,从人到物,面面俱到。

一般来说,企业单位对于邀拍的企业专题片都会有一个明确主题(重点),如优质产品、现代化生产线、绿色环保、美好景观、企业庆典等。拍摄和表现的中心就应该按既定主题来设计,其他方面内容只需要略微提及就可以了。

在企业专题片的整体构思和画面设计上,应把握好下面几个要点。

1.深入了解情况,突出企业特色

没有特色的企业宣传片不仅单调、无味,也不易表现出重点,给人留下印象。要做到影片有特色,就要努力挖掘企业有别于同类企业的特点,找到具有鲜明个性又对同行业具有建设性的企业特色,并加以突显、弘扬,是企业宣传片制作的重要着眼点。

2.信息量要大,表现要立体

对企业的表现应详细、全面,且主次分明,使受众对企业状况、企业文化、产品特性有全面、清晰的了解,有助于树立良好的企业形象或品牌亲和力。要用真实丰富的信息量冲击受众,避免堆砌一套大话、空话。

▲ 以上图片截取自广东霸王花食品企业形象宣传片

3.朴实、生动的内容,避免太商业

企业宣传片的创意,要以纪实风格为主,突出新闻性,避免广告味太浓,功利性太强,给人生硬死板的感觉。宣传片除了本企业员工或经理上镜头,还可让企业外的权威人士、客户代表说话,这样更客观、真实,有说服力。

4.大场面大气势，切忌死气沉沉

生动自然、真切感人，是片子成功的关键，大场面拍摄可以增加气势，使画面生动，也可强化企业的可信度。在拍摄中，要避免假模假式，切忌死气沉沉，毫无生气。而必要的煽情可以使片子激情绽放，生动有力，博得客户的称赞。

5.解说词与画面并重

企业宣传片的解说与镜头画面同等重要。拍摄宣传片前应当先整理好解说词，这样可以更从容、有章法地拍好镜头，不致丢失内容。如时间紧迫，解说词暂时难以定稿，也应有尽量详细的提纲以便于拍摄。宣传片的解说词要文采飞扬，铿锵有力，切忌官样文章，空洞无力。

6.备好拍摄提纲，设计拍摄效果

拍摄企业宣传片应准备好具体的拍摄提纲，设计好重点、选用的镜头画面及采用的摄像技巧。画面要讲究用光、构图，以保证画面的技术质量和表现效果。由于有些内容会采用比喻、象征等手法来介绍，与此相对的画面不用实拍，可以收集和利用企业自身高质量的资料来填充。

7.配音要专业，音乐要契合

请专业的播音员、主持人来录解说词，可以提高片子质量，不可轻视、随意。使用专业配音对企业的形象提升是显而易见的，可以起到事半功倍的作用。

8.音乐与节目主题、节奏吻合

企业宣传片中的音乐可以起到烘托渲染的作用，但应避免太有个性的音乐元素，如流行歌曲。一般而言，电视专题片中的音乐是不直接给观众传递信息的，背景音乐的音量不能超过解说音量，解说音量与音乐音量之比为3∶1或4∶1较为适合。

总之，拍摄要多站在企业和客户双方的角度上来思考、设计，综合多种艺术技巧和表现手段，才有可能创作出好的企业宣传片。

▲ 以上图片截取自广东霸王花食品企业形象宣传片

14.1.2 婚礼庆典和聚会

在商业类摄像服务中，婚礼摄像、亲朋聚会（节日、生日、同学、搬迁等）和会议庆典等拍摄都是很重要的服务项目。目前社会上这类需求越来越多，有许多礼仪公司、广告公司和影视公司专门以此为业，业务越来越繁忙。由于庆典聚会大部分情况下是不能事先排练的，也不能事后补拍，因此，拍摄此类题材时，要了解并掌握专业的知识和技巧。

1.抓住精彩细节，表现人物特点

拍摄重大聚会时，有些镜头是必须有的，如送礼物、交换信物、祝福、唱歌、点吹蜡烛、许愿、开怀大笑等，要注意抓拍特点鲜明的人物，如表情动作夸张、吃相特殊、醉酒的，以及生动有趣的细节。除了拍摄重点来宾时，也要照顾到其他的来宾，要尽量做到让每位来宾都能出镜。

2.注意观察、巧妙构思

大型的庆典聚会人物众多,热闹喧杂,需要拍摄者全神贯注,才能抓住重点人物。例如在婚礼活动中,新人进门和敬酒等关键时刻,一旦错过就会使客户抱憾终生。为了画面的新颖生动、活泼热烈,大胆创意和巧妙构思是很重要的,因此,可通过设计情节过程,选择合适角度,综合运用镜头以及对精彩细节的详细刻画等手段,来烘托喜庆热烈的场面,记录下美好难忘的婚礼全过程。

3.巧用运动镜头,突出主体对象

运动镜头可以完整记录人物的动作过程,使画面具有强烈的现场真实感。例如拍摄婚礼多用跟摄法:前跟(倒退拍摄)拍新人进门,后跟(背后跟拍)拍新人入洞房,侧跟(旁侧跟拍)拍新人交换信物。跟摄中,画框始终"套"住运动中的新人,可使画面连贯且主体突出。

再如,拍摄婚庆花车时,采用"弧形移动"法拍摄出来的镜头极富现场感,效果自然生动。"弧形移动"拍摄是指摄像者手握摄像机,围绕花车以圆形或弧形方向移动,而不是直线移动。在拍摄时要注意步伐,两腿微曲、双脚交替绕行,在身体轻缓移动中完成整个拍摄过程,这样可以避免走路时带来的震动,而达到滑行的效果。要注意移动弧度不宜过大或过小,且在整个片段中,花车主体都应该维持在画面中央。

4.上下左右摇摄,表现环境

拍摄内、外景时,摇摄是绝对不能缺少的,这样可以用来交待全景,把周围的景观尽收于镜头之中。摇摄一般有上下摇摄和左右摇摄两种,在外景拍摄时,可以采用左右横向的摇摄,将宽广的现场空间和众多的人物都记录下来。在内景拍摄时,采用上下纵向的摇动拍摄,如拍摄新房内景时,可运用上下摇摄,镜头从屋顶的彩灯向下移动到悬挂的大红喜字,再到喜字下面的新人,连人带景尽收眼底。

5.构图多用中心法和三分法

在拍摄庆典、欢聚等人物活动场面时,常用中心法构图表现人物主体。即将重点对象放在画面的中心处,不论是固定还是运动的,都尽量保持该重点人物在中心位置。另外,也可选择三分法构图,即将人物主体放在画面的1/3处,例如拍摄新郎、新娘时,多用三分法的构图原则,让新郎、新娘正好位于画面的1/3处,而不是画面的正中央,这样的画面比较符合人的视觉审美习惯。需要注意的是,无论是中心构图还是三分法构图,所拍人物的头顶都不要留太多的空间,否则会造成构图不平衡且缺乏美感。

6. 片头片尾温馨喜庆

庆典聚会专题片摄制完成后，应精心制作一个精美又充满喜庆气息的片头和片尾，既可以渲染喜庆的气氛，又可以提高片子的档次。聚会类专题片在全片色调上应统一设计，要吻合主题内容和情感氛围。比如，婚礼专题片应以暖色调为主，让人感到温馨喜庆；同学聚会应以绿色调为主，让人感到清新自然。在声音效果和背景音乐的安排上，可以加入一些特别的元素，例如，企业庆典专题中可加入厂歌合唱和现场掌声等，同学聚会中可以加入曾经流行的老歌、校歌和童谣等，婚礼专题上可加入新郎、新娘的声音等。

总之，庆典类的拍摄中，只要是抓住重点不缺精彩，宁多勿少不缺画面，喜气洋洋不缺气氛，就可以制作出一部好的喜庆专题片了。

14.2 新闻类专题

现代人类生活中，人们对新闻的需求，几乎可以说犹如空气和水。新闻摄像主要是用于报道新闻的视频影像拍摄活动。它强调的是新闻的真实性、时效性和瞬间性等，对所见的事物进行客观、实事求是的纪录。所以，新闻类视频影像并不在乎构图是否完美、技术手法是否得当，而更注重其传递的新闻信息量和传播效果。

14.2.1 新闻类专题

新闻视频以报道及时、声画并茂等优点为人们喜闻乐见。随着摄像器材越来越轻便、简单、易操作，在对各地突发事件的报道上，手机摄像和照相机摄像也已经开始大显身手。除此之外，若想拍好新闻视频，还应加强新闻常识和拍摄技术、技巧等专业知识的学习。

1. 新闻价值第一位

新闻价值体现在真实性、重要性、时效性、现场性等方面。同一个新闻，如果分别采用视频和照片来报道，虽然信息量大小不同，完整度不同，但在新闻价值的要求上完全一样。也就是指一个新闻的"4W（When、Where、Who、What）+ 1H（How）"，即"何时、何地、何人、何事、怎样"在拍摄的新闻视频中是必须有的。

2. 新闻画面的不完整性

所谓画面的不完整性，是指新闻画面大多是不连贯的，并不一定是从头到尾的全程记录。所以日常播出的新闻视频大多不会叙述事件的经过和变化，只要将该新闻事件叙述清楚即可，而且是以精炼为好，所以新闻视频画面的特点就是不受情节性镜头组合规律的约束，也不必构建画面与画面的承继关系，这一点与其他类型专题片（如文艺类）明显不同。

3. 新、快、活

新闻视频具有广播、文字和图片集为一体的独特优势。新闻视频是从画面到声音，从开始到结束，从人物到环境，将立体海量的视频信息完美结合，以客观、具体的动态画面内容表现新闻事件中的人物、时间、地域等要素，使人们了解事件的发展变化和现场信息。所以，报道新近发生或发现的事实，可借助于新闻视频的形式将其传播出去，详细准确地报道给世界各地的人们。

4. 解说词是主导

大多数的视频新闻关掉画面只凭听声仍然可以了解整个新闻，因此，在新闻短片中的旁白解说作用很重要，这也就对拍摄提出了更高的要求，所以在现场拍摄时要捕捉典型的形象元素，以弥补声音叙事所表达不了的内容，另外，对现场原始声音的记录，也是一个非常重要的新闻要素。

5. 主要技巧是全景和中近景

在视频新闻拍摄中，取景构图方面的主要技巧在于全景和中近景的运用。利用全景和中近景，可多使用固定镜头，避免过于频繁地推拉镜头，因为推拉镜头有着主观色彩。切记不要漏掉人物活动的关键镜头，重要的镜头才是最有说服力的。

6. 声画组合多样化

从全面和真实的效果上看，视频新闻在拍摄时采用丰富多样的声画组合是最佳方式。这其中，现场声音的采集和设计是一个很好的途径，诸如记者旁白、现场原声、访问群众、播音等，如果能与画面有机结合，就可以达到最佳的传播效果。这些需要提前想到和设计，才能在瞬息万变的现场运用自如。

7. 自动化功能很必要

在拍摄器材的选择使用上，拍摄新闻最适合的当属自动智能化程度高的摄像机，此类摄像机可以减轻拍摄者的负担，使其将更多的时间和精力用在跟踪抓取新闻人物的精彩动作及构图上。例如，自动调焦很适用于抓拍新闻，尤其是运动类的体育新闻；再如，自动白平衡也可以帮助摄像师在随时变换的户外现场获得不错的画面色彩。

总之，拍摄视频新闻要能吃苦，能运动，能灵活，这是一个强者的工作，对于摄像师更是如此。

14.2.2 会议专题

会议是最常见的工作形式,拍摄会议也是最常见的任务。虽然会议摄像不需要变换场地,看起来似乎比较简单,其实要想将会议拍摄好,是需要有相当的技巧和经验。例如,会议拍摄要有时间、地点、人物、会议开始、经过和结束6要素,注重资料记录完整,内容面面俱到等,因此,只有熟悉会议流程会的人,才可能熟门熟路、手到擒来。

1.会前准备

首先,最好先和有关组织者交流,在拍摄前搞清楚所要拍摄的主题,弄清楚会议的主次关系,以便对要拍摄的内容心中有数,到了拍摄时,才能够抓大放小,主次适当;其次,应实地考察会场大小、灯光、主宾位置、拍摄机位等;最后,还要提前准备好摄像器材和附属配件,并确保工作电池电能充足。

2.开机试拍

拍摄会议应提前到达会场,并马上开机进行准备工作。首先,校准摄像机工作时间,以便后期制作需要强调时间时加上解说;其次,根据现场光源调整白平衡,保证画面色彩真实、不偏色;最后,调试完成后,试拍10秒钟画面并回放检查。一切正常后,随时开拍。

虽然看起来很小的环节,但为了确保拍摄的顺利,应注意细节部分。

3.拍摄环境背景

在会议开始之前,可以记录一些背景资料,例如会场内外的布置、会标横幅、重要来宾签到、主宾握手交谈的画面等,这些画面可以用来间接说明会议内容并烘托气氛。拍摄环境背景资料时,还能抓到一些生动活泼的人物交流场景,因为在会议正式开始前,大家处于一种自由轻松的状态,流露出的神情也非常自然。有些重要来宾在会议前提前到场,此时可以把重要来宾的签到、到贵宾室休息和主宾之间握手交谈的画面等都记录下来。

4.会议开始

会议开始时,先拍摄会场的总体布置(包括主席台全景和会场全景),接下来拍摄主持人宣布会议开始,全体参会人员鼓掌的画面。在拍摄时画面变换要慢,以突出会场严肃的气氛。此时应以全景画面记录,包括人物进场过程中的会场全景和主席台全景——活动场面,以及人物全部就座后的会场全景和主席台全景——静止场面。

5.会议中间

会议开始后的拍摄重点是会议的"主角"和重要议程,如重要讲话和发奖等,拍摄发言人时最好采用正面拍摄,以展现其正面形象。取景构图上,应使用中心式构图,对于重要发言人可采用半身和特写画面,强调其眼神、表情和姿态,以增加其发言的说服力和吸引力,除此之外,听众的画面也是必不可少的,只有发言人的画面会显得很空洞。

6.会议结束

会议结束时应该先将镜头对着主席台拍摄主席台人物,然后再把画面转向起立鼓掌的听众,最后在出口处拍摄与会者出场的画面,以"渐变黑幕"的画面变换方式结束本次会议拍摄。

有些会议在结束后会有主要领导接见会议来宾的活动,这时应在拍完最后一个发言者后马上到达接见活动现场,提前做好拍摄的准备工作。

7.声音采集

在会议的拍摄过程中,始终都要注意声音的采集录制,没有声音可能会丢失一些精彩细节,导致信息不完整。如果是重要的会议,最好提前在会议现场安装专门的录音设备,录下整个会议过程中的声音资料,以备后期编辑时使用。

总之,会议的拍摄记录主要是用来制作记录专题或新闻报道,因此,信息的真实和完整是最重要的。虽然在拍摄要求上和新闻大体相似,不追求艺术花样和炫目特技,但在后期制作中,可以适当添加特技效果,以增强某些画面的视觉冲击力。

14.2.3 文艺专题片

文艺专题片的范围很大,涵盖了从文学理论到艺术门类再到娱乐生活。通常文艺专题主要是指以文化艺术类题材为对象的视频影片,例如,艺术家介绍、民歌溯源、广场舞专题等,这类专题强调文学性和艺术表现力,在选题选材上精选深入,在创意构思上无拘无束,在编辑制作上自由全面,在画面形式上新颖独特。文艺专题是深受大众欢迎的影片类型,在各电视台和网络上都有重要的栏目安排,它也是非常值得去学习、探索的视频创作领域。

1. 自由、多样、前卫

文学艺术作品是人类的精神食粮，是非常受到人们青睐的题材。文艺作品通常都形态多样、演变万千，所以在拍摄文艺专题时，应运用各种视听艺术手段，在整体思路与手法上变化多样，并具有前卫探索的勇气，力求创作出丰富的视觉画面和新符号形式。当前社会时尚浪潮显示出，文艺的生命力在于它不断变换着形式和内容，给人提供艺术享受，即使曾经非常新奇的东西，没有变化很快就会令人生厌。

2. 蒙太奇手法

文艺专题片无论是从影片的基本结构、叙述方式，或是最初的编剧到最后的制作各环节，还是镜头、场面、段落的安排与组合技巧等，蒙太奇都可以贯穿运用。通过蒙太奇的思维方式和组接手段，连贯起每个画面，可以达到引人入胜的境界，从而增加了真实感和传播深度，使观者逐渐进入故事之中。

3. 叙事性和情节性

文艺专题的特点就是讲究画面叙事的完整，表现情节的生动。一般来说，文艺专题片的创作过程就是一个讲故事的过程，可以是人物故事、动物故事、音乐故事、书画故事等。最好的文艺专题片，都是通过画面的快慢节奏展开故事内容，将观众深深吸引到故事之中，随着故事的起伏跌宕而喜怒哀乐。

4. 表现环境氛围

文艺专题影片中对环境空间的刻画尤为重要，直接影响着这部作品的优劣，因此，要注意大环境和主角度画面的表现。为了更好的叙述接下来的故事是在什么地方、什么背景下发生，故事发生的场景要交待清楚，用来表现方位环境的全景、大全景定位镜头作为主角度要拍好，这些表现对于影片非常重要。

5. 特写镜头的运用

特写镜头作为细节刻画的手段很重要，具有强烈的冲击力和点睛作用。人的言语、动作和情绪变化是构成整部作品的逻辑主线，表现好这根主线的关键常常就是人的表现，在交代和表现事件的高潮中，除了多角度和景别的变化，特写画面可以将人物神情和动作的细微点滴放大突出，强迫人们观看和接受，并与画中人产生相同的情感变化。因此，注重特写镜头的运用，也是文艺专题创作中最常用的手段之一。

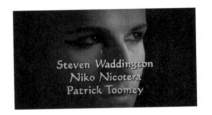

6.立体多角度

对于同一个被摄者，不同的拍摄角度，人物形象也会不同。文艺专题的创作中，立体方位多角度拍摄是很常见的，在不同的故事情节中，可以设计不同的拍摄角度，来烘托和展现主体对象，例如，从天上俯瞰大地，使人物看起来小而空间广阔；从地面仰望大山，使高山看起来更高大，更雄伟；从大地凝视前方，使人与景物吻合紧密。如果采用升降摇移拍摄同一个被摄对象，可将其表现的很有立体感。

总之，文艺题材的拍摄，需要比其他题材更自由，更浪漫，更立体，才能更吻合对象自身的特点，创作出更具有文艺范儿的专题片。

课后练习与提升

1. 拍摄企业专题片如何突出企业特色？
2. 如何体现婚礼庆典的温馨喜庆？
3. 新闻报道的从哪几个方面来体现其价值的？
4. 简单叙述一下会议摄影的流程和基本准备工作。
5. 简单叙述一下文艺专题片的特点，在拍摄时应如何体现？